基于时变混合分布模型的
非一致性洪水频率分析方法

闫磊　熊立华　著

中国水利水电出版社
www.waterpub.com.cn
·北京·

内 容 提 要

准确地估计洪水极值事件所服从的概率分布，并合理地推求设计洪水值对水利工程的规划设计以及运行管理等工作具有重要意义。然而，受到全球气候变化与人类活动的双重影响，传统的基于一致性假设的洪水频率分析理论已不再适用。本书在综述一致性和非一致性洪水频率分析研究进展的基础上，重点阐述了基于时变混合分布模型的非一致性洪水频率分析理论与方法。本书主要内容包括：采用单一分布模型的非一致性洪水频率分析方法；洪水类型划分方法；基于洪水类型划分的时变混合分布模型；非一致性设计洪水值的推求方法。

本书适合水文水资源领域的科研工作者、工程师、研究生和教师参考阅读。

图书在版编目（C I P）数据

基于时变混合分布模型的非一致性洪水频率分析方法/
闫磊，熊立华著. -- 北京 ： 中国水利水电出版社，
2020.10
ISBN 978-7-5170-9084-7

Ⅰ．①基… Ⅱ．①闫… ②熊… Ⅲ．①洪水—水文分
析—分析方法 Ⅳ．①P333.2

中国版本图书馆CIP数据核字(2020)第213323号

书 名	基于时变混合分布模型的非一致性洪水频率分析方法 JIYU SHIBIAN HUNHE FENBU MOXING DE FEIYIZHIXING HONGSHUI PINLÜ FENXI FANGFA
作 者	闫磊 熊立华 著
出版发行	中国水利水电出版社 （北京市海淀区玉渊潭南路 1 号 D 座　100038） 网址：www. waterpub. com. cn E-mail：sales@waterpub. com. cn 电话：(010) 68367658（营销中心）
经 售	北京科水图书销售中心（零售） 电话：(010) 88383994、63202643、68545874 全国各地新华书店和相关出版物销售网点
排 版	中国水利水电出版社微机排版中心
印 刷	清淞永业（天津）印刷有限公司
规 格	170mm×240mm　16 开本 10 印张 196 千字
版 次	2020 年 10 月第 1 版　2020 年 10 月第 1 次印刷
定 价	**56.00 元**

前　　言

准确地估计洪水极值事件所服从的概率分布，并合理地推求设计洪水值对水利工程的规划设计以及运行管理等工作具有重要意义。在传统的洪水频率分析中，洪水样本应当满足一致性假设，即独立同分布假设。独立同分布假设认为洪水样本序列来自于同一个洪水总体，并据此认为整个洪水样本序列服从同一个单一概率分布。然而，许多研究表明，由于不同的气象条件（如雷暴、台风、热带气旋和融雪等）、土地利用类型和流域特征变化（如渠道特征和土壤含水量等）等因素的共同作用，形成洪水事件的源头和机制存在着差异，导致洪水样本序列可能源于多个洪水总体。因此，不考虑洪水形成机制差异及其背后物理过程的传统的时不变单一概率分布，在很多情况下并不能很好地拟合洪水样本序列，导致洪水频率分析结果失真，进而影响水利工程的规划设计及流域水资源管理与配置。此外，受到全球气候变化与人类活动的双重影响，传统的基于一致性假设的洪水频率分析理论已不再适用。

基于上述背景，本书针对变化环境下的非一致性洪水频率分析开展深入研究。考虑不同洪水形成机制对洪水频率分析的影响，开展基于混合分布模型的非一致性洪水频率分析研究，揭示了变化环境下洪水事件的物理过程和时空演变规律，并提出了一套适用于变化环境的非一致性洪水设计方法，可为水利工程的规划设计和运行管理等工作提供理论依据。

本书主要研究成果包括以下几点：

（1）基于单一分布模型的非一致性洪水频率分析。基于位置、尺度和形状的广义可加模型（Generalized Additive Models for Location, Scale and Shape, GAMLSS），采用社会经济协变量（人口）和气象协变量（降雨）构建非一致性洪水概率分布模型。

（2）基于洪水时间尺度的洪水类型划分。基于季节性分析方法对洪水类型进行识别，采用洪水时间尺度（Flood Timescale，FT）指标表征不同的洪水形成机制，并据此合理地划分洪水子序列。

（3）基于时不变混合分布模型的非一致性洪水频率分析。在传统的混合分布模型（Traditional Two - component Mixture Distributions，TCMD - T）基础上，通过洪水时间尺度指标对洪水类型进行划分，构建基于洪水时间尺度的混合分布模型（FT - based Two - component Mixture Distributions，TCMD - F），增强 TCMD - T 模型的物理意义和模拟精度。

（4）基于时变混合分布模型的非一致性洪水频率分析。在 TCMD - T 模型的基础上，提出一种能够同时考虑统计参数和分布线型变化的时变混合分布模型（Time - varying Two - component Mixture Distribution，TTMD）。采用社会经济协变量（人口）和气象协变量（降雨）描述权重系数和统计参数的时变特征。采用结合了模拟退火算法和极大似然算法的元启发式极大似然算法（Meta - heuristic Maximum Likelihood，MHML）来估计 TTMD 模型的参数。

（5）非一致性设计洪水值推求。为解决基于时变概率分布模型的非一致性设计值推求问题，提出了一种能够考虑工程设计年限的非一致性水文设计方法——设计年限平均值法（Average Design Life Level，ADLL），并和期望超过次数法（Expected Number of Exceedances，ENE）、设计年限水平法（Design Life Level，DLL）及等可靠度法（Equivalent Reliability，ER）进行比较。

本书是在国家自然科学基金青年基金项目"基于洪水类型划分的非一致性洪水频率分析计算方法研究"（51909053）、国家杰出青年科学基金项目（51525902）、河北省自然科学基金青年基金项目（E2019402076）、水资源与水电工程科学国家重点实验室开放研究基金（2019SWG02）、河北省高等学校科技研究项目（QN2019132）共同资助下完成的，作者在此表示深深的谢意。

全书由闫磊、熊立华撰写，在课题的研究和撰写过程中，得到了挪威奥斯陆大学许崇育教授和于坤霞、杜涛、江聪、熊斌等人的大力支持，并参考了他们的部分研究成果（见参考文献），在此一并表示感谢！

　　由于作者水平有限，加上时间仓促，书中难免出现不足之处，欢迎读者和有关专家批评指正。

作者

2020 年 6 月

目　　录

1 绪 论

1.1 研究背景及意义

人类的发展史就是一部和自然灾害的斗争史。在众多的自然灾害中，又以洪涝灾害的影响最为重要，造成的社会影响最广、伤亡人数最多、经济损失最大。20 世纪 90 年代洪涝灾害事件占我国所有自然灾害事件的比例高达 62%。根据水利部国家防汛抗旱总指挥部的定义，洪涝灾害指的是由于降雨、融雪、冰凌、溃坝等因素所导致的江河洪水、渍涝、山洪、滑坡等，及其引发的次生灾害（国家防汛抗旱总指挥部，2017）。我国独特的地形、地质条件以及季风气候的影响，决定了降雨具有在年内时空分布不均、年际波动较大的特点，加之我国人口众多，洪涝灾害风险较大的土地不断地被开发利用，导致我国自古以来便是一个洪涝灾害事件频发的国家（夏军等，2016；张建云等，2007）。据不完全统计，自公元前 206 年至 1949 年新中国成立，我国发生较大的洪涝灾害事件 1000 余次（国家防汛抗旱总指挥部，2007），我国约有 40% 的人口、35% 的耕地及 70% 的工业、农业生产活动饱受洪涝灾害事件的威胁，这给我国社会经济的可持续发展造成了严重不利影响（王浩，2010）。新中国成立以来，我国历届政府都高度重视防洪减灾工作，经过 60 多年的不懈努力，已经取得了巨大的成效。但是由于气候变化的影响，极端天气灾害事件频发，加之我国城镇化进程不断加速，世界级超大城市群不断发展，防洪安全保障等级不断越高，区域防洪形势依然严峻（陈雷，2010；夏军等，2016；张建云等，2008）。据水利部统计数据，1990—2016 年，我国年平均受灾面积 971.514 万 hm²，年平均因灾死亡人数 4212 人，房屋倒塌 182.69 万间，年平均直接经济损失 1481.62 亿元，约占同期 GDP 的 1%～3%（国家防汛抗旱总指挥部，2017）。因此，兴利除害、防灾减灾对保障国民经济健康可持续发展有着重要的现实意义。

在河流上修建大坝、水库等水利防洪工程是区域防洪减灾的主要手段和重要组成部分。而如何合理地计算设计洪水值是水利防洪工程规划设计中所要解决的首要问题（郭生练，2005）。我国《水利水电工程设计洪水计算规范》（SL 44—2006）规定，采用洪水频率分析的方法来推求设计洪水值。即将洪水事件看作随机现象，用统计的原理和方法来估计各种洪水特征值（比如洪峰流量、不同时段洪量等）所服从的概率分布和频率曲线，并据此推求不同设计标准下的设计洪水值。需要指出的是，传统的洪水频率分析主要基于以下基本假设：①所使用的原始洪水资料满足一致性假设，即在洪水资料观测期及未来待建水利工程的设计年限内，生成洪水样本序列的环境因子（比如气候条件、土地利用类型、河道状况等）保持不变；②洪水序列中的各个洪水样本满足独立同分布假设，即各样本之间相互独立且来自于同一个概率分布。

然而，自19世纪工业革命以来，全球工业化和城镇化加速发展，伴随着化石燃料能耗的增加，大气中以CO_2为代表的温室气体排放量持续增加，温室效应愈发强烈，导致全球性的气候变暖，这一结论已经为国内外学术界广泛地接受。联合国政府间气候变化专业委员会（Intergovernmental Panel on Climate Change，IPCC）先后于1990年、1996年、2001年、2007年以及2013年发布了五次针对全球气候变化的权威评估报告。其中最新发布的第五次评估报告（IPCC AR5）第一工作组报告指出（IPCC，2013），全球气候变暖确信无疑。1880—2012年间，全球海洋和陆地的表面温度平均升高了0.85℃（不同数据集90%置信区间为0.65~1.06℃）。气候变暖将加速水循环过程，改变区域降水量与蒸发量，进而影响洪水、枯水等极值事件发生的频率、强度以及时空分布（熊立华等，2017）。除气候变化外，水利工程与水土保持工程的建设、农业灌溉、河道整治、城镇化、工业用水、生活用水等众多人类活动对流域下垫面的影响也变得越来越突出，显著地改变了天然条件下流域的产汇流特性。正如国际水文科学协会2013—2022年十年计划"Panta Rhei - Everything Flows"指出的那样，全球气候和水文系统正经历着明显的变化。在气候变化和人类活动的影响下，水文序列的一致性遭到破坏，全球范围内许多水文变量已经表现出非一致性（Khaliq等，2006；Milly等，2008；Milly等，2015；Montanari等，2013；Salas等，2014；Villarini等，2009；Xiong等，2019；冯平等，2015；顾西辉等，2014；梁忠民等，2011；史黎翔等，2016；唐亦汉等，2015；谢平等，2005；谢平等，2017；熊立华等，2015；闫磊等，2014）。因此，基于一致性假设的传统水文频率分析理论与方法在变化环境下遭受挑战，继续采用一致性水文频率分析方法得到的设计成果可能会增加水利工程的运行管理风险（设计标准过低）或者增加工程的造价（设计标准过高）。

此外，传统洪水频率分析中的独立同分布假设认为洪水样本序列来自于同一个洪水总体，并据此认为整个洪水样本序列服从同一个单一概率分布［如皮尔逊Ⅲ型（P-Ⅲ）分布、gamma分布、lognormal分布、广义极值分布等］。然而，许多研究表明，由于不同的气象条件（如雷暴、台风、热带气旋和融雪等）、土地利用类型和流域特征变化（如渠道特征和土壤含水量等）等因素的共同作用，形成洪水事件的源头和机制存在着差异，导致洪水样本序列可能源于多个洪水总体（Alila 等，2002；Fischer 等，2016；Rossi 等，1984；Singh 等，1972；Singh 等，2005；Smith 等，2011；Woo 等，1984；成静清等，2010；冯平等，2013；梁忠民等，2011；唐亦汉等，2016；王军等，2017）。因此，不考虑洪水形成机制差异及其背后物理过程的传统的时不变单一概率分布，在很多情况下并不能很好地拟合洪水样本序列，会降低频率曲线的拟合效果，导致洪水频率分析结果失真，进而影响水利工程的规划设计及流域水资源管理与配置。

基于上述研究背景，在变化环境下，考虑不同洪水形成机制对洪水频率分析的影响，开展非一致性洪水频率分析研究，并推求非一致性设计洪水值，有助于更加深入地认识变化环境下洪水事件的物理过程和时空演化规律，可以为水利工程的规划设计和运行管理等工作提供理论依据，因而具有重要的科学意义及应用价值。

1.2 国内外研究进展

1.2.1 一致性水文频率分析研究进展

一致性水文频率分析是指基于过去实测的水文资料来估计水文序列所服从的概率分布，并推求其出现频率（或重现期）和水文设计值之间的定量关系，主要包括 3 个环节：取样方法的选择、频率分布线型的选取、及频率分布参数的估计（郭生练等，2016；熊立华等，2018）。

1. 取样方法

目前常用的样本选取方法主要有两种：年最大值（annual maxima，AM）取样法和超定量（peak over threshold，POT）取样法。年最大值取样法是指按照独立性原则，从水文序列中每年各选取一个最大值构成样本序列。年最大值取样法是我国设计洪水计算规范规定使用的取样方法（SL 44—2006），在工程实践中得到了广泛的应用。然而，采用 AM 取样法进行取样，得到的水文序列的长度等于实测资料的长度，一般都不长（30~50 年），此时若能在实测资料之外，充分利用历史洪水或者古洪水调查资料将极大地提高资料的代表性，有助于提高频率分析计算的精度。此外，在大洪水年份，某些年内第二大、第三大洪水的量级甚至可能超过其他年份的最大洪水，而 AM 取样法无疑会舍弃年内的其他大洪水，降低频率分析结果的合理性。POT 取样法也称作部分历时序列

(Partial Duration Series，PDS) 取样法，是指将每年超过某一阈值的样本挑选出来共同构成样本序列的取样方法。相较于 AM 取样法，POT 取样法能够充分利用实测资料，扩大样本容量，既能反映洪水事件的量级又能反映洪水过程，物理意义更加明确（叶长青等，2013a）。在洪水频率分析中，通常认为超定量事件年发生次数为随机变量，并假设其服从泊松分布、二项分布或者负二项分布（张丽娟等，2013）。此外，通常采用广义帕累托分布拟合超定量事件的量级。POT 取样法的关键和难点在于阈值的选择，但目前尚无统一的标准，这可能是限制 POT 取样法应用的主要原因。

2. 概率分布线型

按照一定取样方法得到样本序列之后，我们便可以确定序列中各样本的经验频率并且绘制经验频率曲线。但是当需要推求稀遇水文设计值时，经验频率曲线无法进行有效的外延估计（金光炎，1999）。因此，需要由样本序列来估计水文变量所服从的总体分布。理论上讲，水文变量所服从的概率分布是未知的。在实际应用中，为使设计过程规范化，许多国家都基于本地长期的水文序列经验点据拟合情况，选择能够较好地拟合多数水文序列的分布线型作为规定线型（郭生练，2005；叶守泽等，2007）。比如美国和加拿大推荐采用对数皮尔逊Ⅲ型分布作为洪水分布线型；爱尔兰、法国和英国等欧洲国家则推荐采用广义极值分布（Generalized Extreme Value Distribution，GEV）作为洪水分布线型；日本则推荐采用两/三参数对数正态分布作为洪水分布线型。国内学者基于我国大量的水文序列分析计算结果，发现皮尔逊Ⅲ型分布在拟合我国大多数河流的水文序列时均能取得令人满意的效果。因此，我国现行规范《水利水电工程水文计算规范》（SL/T 278—2020）和《水利水电工程设计洪水计算规范》（SL 44—2006）均规定 P-Ⅲ分布为我国水文序列所服从的分布线型，如遇特殊情况，经过分析论证后也可采用其他线型。国内学者在实践中发现两参数的 lognormal 分布、两参数的 gamma 分布、GEV 分布等分布对我国许多流域的水文序列也能得到令人满意的拟合效果（杜涛，2016；江聪，2017；叶长青等，2013b；于坤霞，2014）。需要强调的是，虽然不同分布线型在有实测资料范围内频率分析成果一般相差不大，然而在外延到百年一遇、千年一遇等稀遇重现期时，频率分析成果往往差别较大，故在实际应用中应慎重选择频率分布线型（郭生练等，2016；金光炎，1999）。

近年来，非参数统计法的发展为水文频率分析提供了新的途径。相较于传统的基于参数统计法的水文频率分析方法，非参数密度估计法不需要预先假设水文序列服从的分布线型，直接由实测水文序列推求水文设计值，可以避开困扰研究人员多年的参数统计方法中分布线型选择的难题，在将来具有较大的应用潜力（王文圣等，1999）。现有的非参数密度估计方法主要有核估计法、

Rosenblatt 法、直方图法等。然而，非参数方法的理论还不够完善，非参数方法在水文频率分析中的应用还处于起步阶段，仍有许多问题有待进一步的研究，比如核函数和带宽的选择标准，如何在密度估计中充分考虑地区信息以及历史洪水，如何解决频率曲线的外延等问题（董洁等，2004）。

3. 概率分布的参数估计

在确定水文序列服从的分布线型后，便需要结合实测序列估计所选定频率分布的统计参数。我国《水利水电工程水文计算规范》和《水利水电工程设计洪水计算规范》中规定采用适线法估计 P-Ⅲ分布的参数。适线法主要包括两大类，即经验适线法与优化适线法。经验适线法通过目估调整参数使频率曲线和经验点据拟合最好，虽操作简单，但非常依赖研究人员的实践经验，包含有较大的主观性（郭生练等，2016）。优化适线法则依据水文序列的误差规律，选取一定的适线准则作为目标函数，求解与经验点据拟合最优的频率曲线的统计参数。离差平方和最小准则、相对离差平方和最小准则以及离差绝对值和最小准则是目前最为常用的适线准则。

除适线法外，目前常用的参数估计方法有极大似然法（Maximum Likelihood Estimation，MLE）、矩法、权函数法、概率权重矩法（Probability Weighted Moments，PWM）和线性矩法（L-Moments）等（郭生练，2005；郭生练等，2016；叶守泽等，2007）。极大似然法依据所选分布的概率密度函数得到相应的似然函数，并以似然函数取最大值为目标函数，估计出概率分布的统计参数。极大似然法求解的难易程度与所选分布函数形式有关，一般很难通过解析法直接得到频率分布的参数估计值，往往需要借助优化算法来进行求解（Coles，2001；郭生练等，2016）。矩法是最简单的参数估计方法，但是其对高阶矩参数，如偏态系数（coefficient of skewness，C_s）的估计会有较大的抽样误差。为了减小 C_s 估计的抽样误差，马秀峰（1984）提出采用权函数法来估计 P-Ⅲ分布中的 C_s 参数。该方法通过给定正态概率密度函数作为权函数，增加均值附近的权重，减少两端部分的权重，提高了 C_s 参数的估计精度。在此基础上，刘光文（1990）提出了双权函数法，通过给定第二权函数来提高对变差系数（coefficient of variation，C_v）的估计精度。梁忠民等（2001）在单权函数法的理论框架下，通过联解两个超越方程同时解决了 P-Ⅲ分布中 C_v 和 C_s 参数的估计问题，结果表明改进后的方法计算简单、性能优良。梁忠民等（2014）对双权函数法进行了改进，将传统双权函数法的二阶加权中心矩估计降低为一阶加权中心矩估计。Greenwood 等（1979）首次提出概率权重矩法，并应用于逆函数分布存在显式表达式的参数估计。在此基础上，针对我国实际情况，宋德敦等（1988）将概率权重矩法推广到 P-Ⅲ分布的参数估计中。通过对概率权重矩进行线性组合，Hosking（1990）首次提出了线性矩法。概率权重矩和线性矩都是样本次序统计量的组合，相较于常规矩法，仅涉及一阶样本矩的计算，计算结果更加稳健（郭生练，2005）。特别地，线性矩因其容易理解、计算方便的特点，成为当前国内外公认有效的参数估计方法。自 Sonuga（1972）首次将最大熵原理应用到频率分布的参数估计中以来，国内外学者积极地开展了相关的研究（赵明哲等，2017），并证明了该方法具有较高的计算精度和良好的统计特性。近年来，元启发式最优算法在频率分布的参数估计领域得到了越来越多的应用。康玲等（2003）、王占海等（2009）、刘力等（2009）分别将遗传模拟退火算法、遗传算法、粒子群算法与适线法相结合，取得了较好的计算效果。桑燕芳等（2009）通过将模拟退火遗传算法与极大似然法结合，提出了一种改进的极大似然法，该方法求解简单且不受分布线型的约束，其计算效果与基于最大熵原理的参数估计方法效果相当。

1.2.2 非一致性水文频率分析研究进展

水文频率分析的基本前提是水文样本序列满足独立同分布假定（Independent and Identically Distributed，IID），其中同分布假定是指水文样本序列在过去、现在和未来均服从于同一个概率分布，即样本序列应具有一致性。然而，在变化环境下，这一假设愈发难以满足，全球范围内许多水文变量已经表现出非一致性，这给传统的水文频率分析带来了巨大挑战（Milly 等，2008；Milly 等，2015；梁忠民等，2011；熊立华等，2017；熊立华等，2018；Yan 等，2017a）。变化环境下的非一致性水文频率分析已成为当前国内外水文领域的研究热点。梁忠民等（2011）综述了当前非一致性水文频率分析的难点和热点，熊立华等（2018）针对洪水、枯水以及年径流序列，深入探讨了当前非一致性水文概率分布估计理论与方法。非一致性水文频率计算方法研究主要包括以下 5个方面。

1. 基于还原/还现方法的非一致性水文频率分析

在国内，非一致性水文频率分析最常采用的是基于还原/还现的方法。具体做法主要分为两个步骤：①首先通过一定的手段对非一致性水文样本序列进行修正，将其处理为满足一致性的水文序列；②采用传统的一致性水文频率分析方法对修正后的水文样本序列进行频率分析。其基本假定为：变点前的外部环境状态是近似天然的状态，而变点后的外部环境则为受到气候变化与人类活动影响的状态。"还原"是将变异点之后的序列修正到变异点之前的状态，而"还现"则是将变异点之前的状态修正到变异点之后的状态（梁忠民等，2011）。理论上讲，研究人员可以通过调查流域内的取用水数据对流域内的实测径流资料进行还原或者还现，以期得到近似天然状态下的径流资料。

然而在实际应用中，水文调查的工作量非常庞大（例如灌溉引水量、水库水面蒸发量、下渗损失量等）且精度有限（陆中央，2000）。为此，研究人员提出采用水文模拟法进行还原/还现计算。该方法的基本思路是在对径流资料进行变点分析的基础上，通过水文模型或者降雨-径流相关图等方法，在变异点前后分别建立起降雨-径流关系，从而实现对径流序列的还原/还现。陆中央（2000）以横山岭水库控制流域为例，通过建立年降雨量-年径流量相关图对水库年径流序列进行还现。王忠静等（2003）指出传统的水文还原方法存在"还原失真"与"还原失效"的现象并推荐采用分布式水文模型进行水文序列的还原修正。王国庆等（2008）以三川河流域为例，采用 SIMHYD 水文模型模拟了研究流域 20 世纪 70 年代后的天然径流过程，定量评估了气候变化和人类活动对流域径流的影响。水文模拟法具有一定的物理基础，但是需要指出的是，水文模拟法的一个潜在的假设是水文序列存在突变并且变点前后水文序列满足一致性，而实际上水文序列可能是逐渐变化的。总体来说，还原/还现计算可以实现非一致性水文序列向过去某一时期或者当前时期的修正，但是却无法反映未来某个时期的变化情况。

2. 基于时间序列的分解与合成法的非一致性水文频率分析

基于分解合成法的非一致性水文频率分析方法是由谢平等（2005）提出的。该方法认为非一致性水文序列是由相对一致的随机成分和非一致的确定性成分构成的。具体可分为以下 4 个计算步骤（谢平等，2014）：①首先采用统计分析法或者成因分析法对水文极值序列的确定性成分和随机性成分进行识别和检验，并依据检验结果建立确定性成分与时间协变量的函数关系；②在原极值序列中分离出拟合的确定性成分进而得到随机性成分，即极值序列的还原；③根据第一步中拟合得到的确定性成分的函数关系预测未来某一设计年份的确定性成分，同时由随机性成分生成满足某一概率分布的随机序列；④将第三步中得到的确定性成分与随机序列进行合成，得到未来设计年份的极值序列并对得到的极值序列进行非一致性频率分析。需要指出的是，在建立确定性成分与时间协变量的函数关系时，当前主要考虑确定性成分存在趋势性变异以及跳跃性变异（胡义明等，2017；谢平等，2014）。林洁等（2014）以淮河大坡岭站和鲁台子站为例，采用多种变异诊断方法对研究区年最大洪峰序列进行趋势性及跳跃性诊断，并根据变异诊断结果基于时间序列分解与合成理论对年最大洪峰序列进行非一致性频率分析计算。谢平等（2008、2009）针对分解与合成理论开展了大量的研究并将该理论分别应用于变化环境下基于跳跃分析的水资源评价和基于趋势分析的水资源评价中。胡义明等（2013、2014）开展了对具有趋势性变异以及跳跃性变异的年径流序列进行一致性修正的研究，并比较了设计值的差异。研究发现无论是具有趋势性变异还是跳跃性变异的水文序列，随着设计标准的增加，基于未修正和修正后的年径流序列得到的设计值之间的差异变得愈加明显。杜涛等（2014）以渭河流域年最大 24h 降雨序列作为研究实例，提出了一种能够同时考虑极值序列均值和方差变化的分解与合成方法来进行降雨非一致性频率分析。需要指出的是，在进行未来确定性成分的预测时，如果仅仅以时间作为协变量进行未来长期预测，会导致预测结果缺乏物理意义且存在着极大的不确定性。

3. 基于时变矩方法的非一致性水文频率分析

在一致性条件下，水文变量可以用同一个概率分布（分布线型和统计参数均不变）来描述。然而在非一致性条件下，水文变量则不再服从同一个概率分布。此时用来刻画非一致性水文变量的概率分布要么线型不同（时不变混合分布模型），要么统计参数不同。在当前的非一致性洪水频率分析中，时变矩方法（Time Varying Moments，TVM）是应用最为广泛的非一致性水文频率分析方法。其基本思想是假设分布线型是单一且不变的，而统计参数随时间或者物理协变量变化。时变矩法由 Strupczewski 等（2001）最早提出并应用到 Vistula 流域以及 Polish 流域的洪水频率分析中。具体做法是将线性趋势和二次三项式趋势嵌入到洪水极值序列所服从概率分布的一阶矩和二阶矩中来描述洪水极值序列的非一致性，并采用加权最小二乘法（Weighted Least Square，WLS）和极大似然法（MLE）来估计时变概率分布中的统计参数。宋松柏等（2016）基于时变矩法构建了具有时变参数的皮尔逊Ⅲ型分布，并应用其对渭河林家村水文站年径流量序列进行非一致性频率分析。唐亦汉等（2017）基于时变矩法构建了能够考虑位置参数和尺度随时间变化的 P-Ⅲ 分布，并应用其进行珠江流域洪水及高潮位的非一致性频率分析。吴孝情等（2015）采用 POT 取样方法，应用时变矩法构建了分布参数随时间变化的广义帕累托分布，并应用其研究了珠江流域非一致性极端降雨的时空变化特征及其背后成因。

Rigby 等（2005）提出了位置、尺度和形状的广义可加模型（Generalized Additive Models for Location，Scale and Shape，GAMLSS），该模型可以灵活地模拟多种概率分布的任一统计参数与协变量之间的线性或非线性关系，近年来，该模型在非一致性水文频率分析领域中得到了越来越广泛的应用。熊立华等（2018）系统地总结了 GAMLSS 模型在水文序列的趋势和变点分析、非一致性洪水以及枯水概率分布估计中的应用。Villarini 等（2009）以美国 Little Sugar Creek 流域的年最大洪水序列为例，基于 Gumbel、gamma、lognormal 等两参数分布构建时变单一分布模型对其进行非一致性频率分析。江聪等（2012）以长江流域宜昌站年最小月流量序列为例，应用 GAMLSS 模型研究其一阶矩、二阶矩以及三阶矩的非一致性。Qu 等（2020）提出采用基于三次 B 样条的 GAMLSS 模型进行非一致性洪水频率分析，并比较了该模型和线性分位数回归模型、基于三次 B 样条的分位数回归模型的表现。在时变矩模型或者 GAMLSS 模型的应用中，大多数的研究仅选取时间作为协变量，缺乏明确的物理意义。近年来，研究人员开始研究选用具有物理意义的协变量作为解释变量来进行非一致性频率分析（Condon 等，2015；Du 等，2015；Jiang 等，2015a；López 等，2013；Villarini 等，2009；Villarini 等，2014；Xu 等，2017；Yan 等，2017a；Yan 等，2017b；Yan 等，2019a；Zhang 等，2015）。López 等（2013）以西班牙 20 个流域的年最大洪水序列为例，应用 GAMLSS 模型，分别选用时间协变量和物理协变量（水库指数和气象因子）作为解释变量进行非一致性洪水频率分析。研究表明，使用物理协变量的非一致性洪水频率分布模型的表现要优于仅使用时间协变量的非一致性洪水频率分布模型。Villarini 等（2014）应用 GAMLSS 模型，选用年总降雨量和大豆与玉米种植总面积作为协变量，对 Raccoon 河流域不同分位数的径流量进行非一致性频率分析。张强等（2015）应用 GAMLSS 模型，选用水库指数和多种气象因子（北极涛动指标、北太平洋涛动指标、太平洋年代际涛动指标及南方涛动指标等）对我国东江流域的年最大洪水序列进行了非一致性洪水频率分析。刘德地等（2014）应用 GAMLSS 模型，选取了太平洋年代际涛动指数（PDO）、太阳黑子数、海平面气温差异指数（NINO3）、面总降水等作为解释变量，对长江宜昌站枯水流量进行非一致性频率分析。顾西辉等（2017）基于 POT 取样方法，采用 Cox 回归模型、核估计技术、泊松回归以及 GAMLSS 等方法，选用多个气象指标（如南方涛动指标、北大西洋涛动指标、印度洋偶极子和太平洋年代际涛动）作为解释变量，分析了不同阈值条件下我国极端降雨的非一致性。

4. 基于混合分布的非一致性水文频率分析

由于不同的洪水形成机制，即不同的气象条件（雷暴、台风、热带气旋和融雪等）、土地利用类型和流域特征（渠道特征和土壤含水量等）等因素的共同作用下，洪水序列中可能存在着不同的洪水总体，洪水变量不再服从同一个概率分布。此时，从理论上讲，我们无法应用传统的洪水频率分析方法对存在不同洪水类型的洪水序列进行频率分析。为此，许多研究已经证实了来自不同洪水总体的洪水序列的存在，并且建议采用混合分布的方法来进行频率分析（Alila 等，2002；Rossi 等，1984；Singh 等，2005；Smith 等，2011；Villarini，2016；Woo 等，1984）。混合分布可以直接对非一致性（非同分布）的水文极值序列进行频率分析。其基本思想是假设存在混合洪水总体的水文序列可以划分为若干个子序列，并使各子序列服从相应的子分布，而洪水变量的总体分布则是由若干个子分布通过加权求和的方式得到。在水文领域，混合分布最早由 Singh 等（1972）提出用来解决洪水频率分析中的非一致性（非同分布）问题。Waylen 等（1984）以加拿大的若干流域为例，针对由融雪产生洪水和降雨产生洪水两种不同洪水机制产生的洪水序列，提出了由两个 GEV 分布组成的时不变混合分布模型，并计算不同量级洪水的发生概率。研究结果显示，相比于传统的单一概率分布模型，由 GEV 分布构成的时不变两组分混合分布模型能够更好地拟合非一致性洪水极值序列。Alila 等（2002）首先系统地总结了当前存在的 3 种混合分布模型，随后以具有较长水文气象序列资料的 Gila 流域作为研究实例，发现相较于传统的单一概率分布模型，两组分的混合分布模型能够更好地拟合实测洪水点据。同时 Alila 等也指出在应用混合分布模型时需要特别地注意两点：①为了增强模型的物理意义，在应用混合分布模型时应特别注意分析不同的洪水形成机制并据此合理地划分子序列；②相较于传统的单一概率分布模型，混合分布模型中包含着更多的模型参数。因此为了保证模型参数估计的准确性和稳健性，混合分布模型中子分布的个数应尽量保持在最低限度（比如两个子分布）。成静清等（2010）认为年径流序列变异点前后的子序列由不同的洪水机制产生，并假定其分别服从 2 个 lognormal 分布或者 2 个 P-Ⅲ 分布，而全序列则服从由这 2 个子分布组成的混合分布，并以陕北及关中总共14 个水文站的非一致性年径流序列作为研究实例，采用模拟退火算法（Simulated Annealing，SA）对混合分布模型进行参数估计，发现考虑变点的混合分布能够较好地拟合实测洪水极值序列。曾杭等（2014）考虑从突变的角度来划分年最大洪水序列，应用变点检验方法和混合分布模型研究了大清河流域西大洋水库的年最大洪水序列的非一致性。首先应用变点检验方法将年最大洪水全序列划分为两个子序列，然后采用两个 P-Ⅲ 分布分别拟合提前划分的两个子序列，最后通过将两个子分布加权混合来推求洪水总体的混合分布模型。结果表明，相较于传统的单一概率分布模型，考虑洪水序列变点的时不变两组分混合分布模型能够更好地拟合整个洪水极值序列。唐亦汉等（2015）考虑历史洪水的影响，采用 GEV 分布、P-Ⅲ 分布、广义逻辑分布以及两参数 lognormal 分布等具有不同尾部特征（薄尾、厚尾、混尾）的概率分布作为子分布构建非一致性年最大洪水序列混合分布模型，采用考虑了历史洪水的线性矩法估计混合分布模型参数。以武江流域坪石站、犁市站作为研究实例，对比了具有不同尾部特征的子分布构成的混合分布模型在洪水频率分析中的表现。结果表明，对所选研究区域，相较于传统的 P-Ⅲ分布，考虑了历史洪水的厚尾混合分布以及三参数的混尾分布表现最好。Yan 等（2019b）采用洪水时间尺度指标划分不同洪水形成机制，并据此构建两组分混合分布模型，增强混合分布模型的物理意义。

　　5. 基于条件概率分布的非一致性水文频率分析

　　条件概率分布模型最早由 Singh 等（2005）提出，该方法的基本思路为：基于洪水形成机制（Flood Generation Mechanism，FGM）的不同，将年内洪水划分成若干个互不重叠的子时段（季节性洪水），并假设每一子时段内洪水极值序列服从同一个概率分布，而不同时段的概率分布不同且互相独立。基于以上假设，通过计算年最大洪水事件在不同子时段的发生概率，便可基于全概率公式推求年最大洪水事件的频率计算公式。李新等（2014）基于变异点理论和条件概率分布理论，以海河流域王快水库的入库洪水序列为例，比较了应用条件概率分布模型得到的设计洪水值和不考虑洪水序列非一致性（跳跃性变异）得到的设计洪水值，结果表明，流域下垫面变化而导致水库入库洪水序列发生跳跃性变异，并建议在未来流域进行设计洪水修订时采用非一致性洪水频率分析的设计成果。成静清（2010）和曾杭（2015）分别比较了混合分布模型和条件概率分布模型在非一致性频率分析中的表现，结果表明，相较于条件概率分布模型，混合分布模型能够更好地拟合具有跳跃性变异的非一致性洪水序列。宋松柏等（2012）在条件概率分布模型的基础上，基于变异点理论和全概率公式提出了针对具有跳跃变异的水文极值序列的非一致性水文频率分析方法，并给出了理论频率和经验频率的计算公式，以泾河流域张家山站长序列（75 年）的年平均流量序列作为研究实例，结果表明该方法具有较强的适用性，且具有可灵活地选择子分布、无须对实测水文资料进行还原计算、可较为方便地推广到具有多个变点的非一致性水文频率分析等优点。

总体来说，针对非一致性频率分析与计算问题，国内大多数相关研究首先考虑对非一致性极值序列进行一致性修正，然后采用传统的频率分析方法对修正后的极值序列进行分析计算，但是当前的一致性修正方法往往只考虑序列呈现线性趋势和一阶跳跃等线性变化形式，这与水文序列的非线性本质不符，因此基于线性处理的非一致性频率计算理论仍存在不足。而国外研究则多针对非一致性极值序列采用直接频率分析方法，主要可归纳为三类：①基于时变矩法的非一致性频率分析方法；②基于混合分布的非一致性频率分析方法；③基于条件概率分布的非一致性频率分析方法。其中时变矩法可以将概率分布函数的均值、方差等统计参数表征为时间或者物理协变量的线性函数、多项式函数、指数函数、对数函数、样条插值函数等函数形式。近年来，基于时变矩法的非一致性频率分析方法在国内也得到了越来越多的应用。相较于基于时变矩法的非一致性频率分析理论，目前国内外针对基于混合分布和基于条件概率分布的非一致性频率分析理论研究较少，在未来需加强对这两个方面的研究。

1.2.3 非一致性水文设计方法研究进展

水文频率分析通过推求水文极值序列所服从的概率分布来建立水文极值事

件的量级与其发生概率之间的联系，最终，设计人员和决策者可依据频率分析的计算成果进行以下两个方面的工作：①从设计的角度，对于给定的设计重现期，推求极值事件所对应的设计值；②从校核的角度，对于某一给定量级的极值事件，反算其对应的设计重现期。在一致性条件下，研究人员已经建立起一套较为成熟和完备的重现期及设计值计算理论（Chow 等，1988；Coles，2001；郭生练，2005；叶守泽等，2007；熊立华等，2018），并且广泛应用于水利工程的规划设计、运行管理等工作中。然而，在 1.2.2 小节中已经指出，在变化环境下基于一致性假设的水文频率分析方法已不再适用，若仍应用其设计成果来指导实际工程的规划设计及运行管理，无疑会增加工程的防洪风险（洪水极值序列呈现上升趋势）或者增加工程造价（洪水极值序列呈现下降趋势）。当前，基于时变矩法构建的时变单一分布模型是应用最为广泛的非一致性频率分析方法。但是，由于该方法中概率分布的统计参数是时间或者物理协变量的函数，即水文极值序列每年服从一个不同的概率分布。这将导致对于某一给定设计标准，每年均有一个不同的设计值与之对应，设计重现期和设计值之间不再是一一对应的关系，难以应用到工程实际问题中（熊立华等，2018）。

为了解决变化环境下非一致性水文极值事件设计值及重现期的计算问题，国内外学者积极开展研究。目前已经有两种考虑概率分布非一致性的重现期计算方法。Olsen 等（1998）提出了期望等待时间（Expected Waiting Time，EWT）的重现期计算方法。在该方法中，重现期（年）被定义为超过设计标准的极值事件可能发生的时间的期望。Parey 等（2010、2007）提出了期望超过次数（Expected Number of Exceedances，ENE）的重现期计算方法，该方法将重现期（年）定义为在重现期内使得超过事件发生次数的期望为 1 的值，Parey 等（2010、2007）应用期望超过次数理论计算了法国非一致性最高气温序列的设计值，研究结果表明，相较于传统的一致性设计结果，基于期望超过次数理论计算的非一致性年最高气温设计值高 1~2℃。Cooley（2013）对期望等待时间和期望超过次数这两种重现期概念下非一致性设计洪水值和重现期计算进行了详细介绍和比较。刘德地等（2014）推导了非一致性条件下在水文极值序列满足独立性假设的情况下，基于期望等待时间和期望超过次数的重现期计算公式的计算公式，并以东江流域龙川水文站年最大洪水序列作为研究实例，结果表明，在研究区年最大洪水序列呈现下降趋势的背景下，非一致性条件下计算得到的重现期明显大于一致性条件得到的重现期。杜涛（2016）将期望等待时间和期望超过次数计算方法应用到具有不同变化趋势的我国 3 个流域来推求非一致性设计洪水流量。分析结果表明，对年最大洪水序列呈现下降趋势的渭河流域以及呈现出明显上升趋势的西江流域，非一致性设计洪水计算结果分别显著地低于和高于一致性条件下的计算成果。而对于没有表现出非一致性的清江流域，是否采用非一致性设计方法对结果影响不大。Gu 等（2017）比较了非一致性条件下基于期望等待时间方法计算的重现期和一致性条件下计算的重现期的差异，研究发现，二者的差异主要出现在重现期大于 50 年时。Hu 等（2017a）通过统计实验和实例分析两种途径比较了期望等待时间和期望超过次数两种方法推求的非一致性设计洪水值的差异，并基于 Bayesian 方法研究了参数的不确定性对两种方法推求的设计值的影响。研究结果表明，两种方法估计的设计洪水值和相应设计可靠度均存在差异。然而，需要指出的是期望超过次数和期望等待时间在实际应用中存在着一些问题。期望等待时间方法可能需要无限多的超过概率来确保它数学收敛，并且其收敛速度依赖于分布的选择（Hu 等，2017a；Read 等，2015；Yan 等，2017a；梁忠民等，2016、2017）。为解决这一问题，史黎翔等（2016）考虑在期望等待时间重现期中引入了趋势持续时间的概念，推导了加入趋势持续时间后的期望等待时间重现期的计算公式。然而如何准确地确定趋势持续时间还需进一步的研究。Yan 等（2020）比较了 EWT 和 ENE 方法在推求非一致性设计值时的差异，发现 EWT 方法的外延时间受到序列趋势和分布选择的影响。

Rootzén 等（2013）指出，在变化环境下水利工程的设计以及运行中，应当明确两方面的信息：①水利工程年限，即水利工程运行的时期；②工程设计年限内的风险，即工程设计年限内水文极值事件超过某一设计值的概率。在变化环境下，为了让水文设计和水利工程的运行真正有联系，在非一致性水文设计中，我们必须将设计洪水和工程的设计年限结合在一起。为此，Rootzén 等（2013）提出了设计年限水平法（Design Life Level，DLL）来估计对应于工程设计年限内给定设计可靠度的设计值。类似地，Salas 等（2014）提出了在设计年限内工程设计可靠度的概念来保证工程在设计年限内的安全。在非一致性条件下，工程设计可靠度的数学表达式和设计年限水平法在本质上是一样的，不同的是它们的出发点和应用角度。设计可靠度概念用来验证已经存在水利工程的可靠度，而设计年限水平法从设计的角度来估计对应于某一设计可靠度的设计值。此外，梁忠民等（2016、2017）提出了基于等可靠度（Equivalent Reliability，ER）概念的非一致性水文设计方法。该方法认为非一致条件下水利工程设计年限内的可靠度应当与一致性条件下的可靠度相同。该方法能够考虑工程设计年限对设计值的影响，还为变化环境下的水文设计方法与传统工程设计标准的衔接提供了理论与技术指导。熊立华等（2018）探讨了非一致性条件下水文极值事件重现期和设计值推求问题，以设计年限平均值法（Average Design Life Level，ADLL）来推求非一致性设计洪水值，以西江流域洪水极值事件为例，比较了 ENE、DLL、ER 和 ADLL 4 种非一致性设计方法的差异，建议在实践中采用 ER 和 ADLL 方法推求非一致性设计值。

1.3 主要内容与技术路线

本书首先介绍了当前在非一致性水文分析计算领域中常用的方法，即时变单一分布模型、传统的时不变混合分布模型。在此基础上，介绍了基于洪水时间尺度的时不变混合分布模型和时变混合分布模型的非一致性洪水频率分析方法。最后，归纳总结了当前存在的非一致性水文设计方法，并对不同的非一致性水文设计方法进行比较研究。全书共 6 章，各章节内容安排如下。

第 1 章——绪论。阐明本书研究的背景和意义，概述一致性水文频率分析和非一致性水文频率分析研究现状，以及非一致性水文设计方法研究进展，并提炼出有待进一步研究的关键科学问题。

第 2 章——基于单一分布模型的非一致性洪水频率分析。首先对研究区年最大洪水序列进行非一致性诊断，随后基于 GAMLSS 软件构建时变单一分布模型并建立其统计参数与时间协变量/物理协变量之间的关系。最后，优选出研究区表现最优的时变单一分布模型。

第 3 章——洪水类型划分。采用季节性分析方法对不同洪水形成机制进行识别，并使用洪水时间尺度指标表征洪水形成机制，对年最大洪水序列进行洪水类型划分。

第 4 章——基于洪水类型划分的时变混合分布模型。首先采用传统的时不变混合分布模型和基于洪水时间尺度进行洪水类型划分的混合分布模型对年最大洪水序列进行模拟。随后根据季节性检验和非一致性诊断的结果，对传统混合分布模型进行扩展，构建时变混合分布模型，建立其权重系数和统计参数与时间协变量/物理协变量之间的关系。

第 5 章——非一致性设计洪水值推求。首先基于时不变混合分布模型推求设计洪水值及其不确定性，随后以时变单一分布模型为例，介绍一种考虑水利工程设计年限的非一致性水文设计方法解决基于时变概率分布模型的设计洪水推求问题，并进行不同非一致性设计方法的比较研究。最后基于时变混合分布模型推求设计洪水值。

第 6 章——结论与展望。归纳和总结全书的主要研究工作及取得成果，并对研究的缺点和不足进行讨论，指出未来研究的重点和方向。

本书技术路线图如图 1.1 所示。

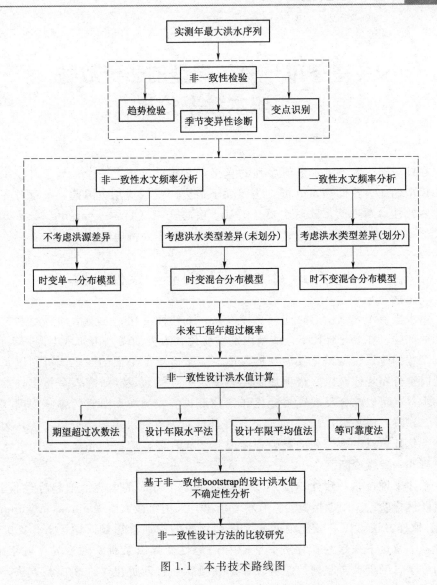

图 1.1 本书技术路线图

2 基于单一分布模型的非一致性洪水频率分析

在针对非一致性洪水极值序列的直接水文频率分析方法中，基于时变单一分布模型的非一致性频率分析方法得到了最为广泛的应用。因此，本章首先介绍非一致性诊断方法，随后主要介绍基于由时变矩（Time-varying Moments，TVM）法构建的时变单一分布模型的非一致性频率分析理论。

2.1 年最大洪水序列的非一致性诊断

洪水极值序列是一定时期内流域气候、下垫面变化、人类活动等因素共同作用的产物。在变化环境下，流域内气候变化和人类活动（比如水土保持工程、水利工程的建设、城镇化发展）极大地改变了流域下垫面的产汇流机制以及洪水的时空分布规律，洪水极值序列不再满足一致性假设。研究人员指出，洪水序列本身就可以综合反映气候变化和各种形式的人类活动对它的影响程度（晶丁等，1988；谢平等，2005）。因此，在进行非一致性洪水频率分析之前，为了确定变化环境对洪水序列的影响程度或其变异程度，应当首先对年最大洪水序列进行非一致性诊断。

总体来说，非一致性诊断主要包括以下 3 个方面的内容：①趋势性检验；②跳跃性检验；③周期性检验。有学者指出，采用年最大值（annual maximum，AM）取样方法可以有效地消除水文序列年内的周期性影响（谢平等，2005）。因此，本章接下来仅检验序列是否存在趋势性变异以及跳跃性变异。近年来，国内外学者围绕水文序列的趋势性诊断和跳跃性诊断提出了许多检验方法，其中针对趋势性检验，主要研究方法包括滑动平均法、过程线法、Hurst 系数法、线性回归法、相关系数检验法、Mann-Kendall 秩次相关检验法（Kendall，1975；Mann，1945）、Spearman 秩次相关法等。针对跳跃性诊断目前主要有 Lee-Heghinan 法、有序聚类法（丁晶，1986）、Pettitt 法（Pettitt，1979）、滑动 T 检验法、滑动 F 检验法、滑动秩和法、贝叶斯法、最优信息二分割模型（夏军等，2001）及基于成因途径的降雨-径流双累积曲线法（江聪，2017）等。谢平等（2010）提出了水文变异诊断系统的方法，通过初步诊断、详细诊断和综合诊断三个步骤，对各个诊断方法的结果进行整合，以期得到更可靠的结果。

熊立华等（2018）介绍了基于 GAMLSS 模型的水文序列趋势与变点分析方法，并将单变量非一致性诊断方法拓展到两变量联合概率分布以及多变量水文序列联合概率分布的非一致性诊断方法。

本章分别选取国内外学者最常采用的 Mann - Kendall 秩次相关检验法和其改进方法，以及 Pettitt 检验法来诊断实测洪水序列的趋势性变异和跳跃性变异。下面分别对其进行介绍。

2.1.1　趋势检验

Mann - Kendall（MK）检验方法是世界气象组织推荐的一种非参数检验方法。由于该方法不需假设样本服从某一特定的分布，也不受少数异常值的干扰，目前已被广泛应用于降雨、气温、径流等水文气象序列的趋势性分析（Chen 等，2007；Xiong 等，2004；Zhang 等，2010；谢平等，2009；张建云等，2007；章诞武等，2013）。研究人员指出，有时水文气象序列可能存在自相关性，这时在使用 Mann - Kendall 方法时，序列趋势的显著性可能会被放大，比如当序列不存在趋势时，如果序列存在正自相关性可能会增加 Mann - Kendall 检验拒绝序列没有趋势的零假设的可能，而实际上该假设为真，从而导致诊断结果失真（Gu 等，2017；Yue 等，2004；张洪波等，2016）。为了解决这一问题，von Storch（1995）提出了预置白 Mann - Kendall（Pre - Whitening Mann - Kendall，PW - MK）检验方法来消除序列自相关性对检验结果的影响。Yue 等（2002）认为 PW - MK 低估了序列真实趋势对自相关系数（autocorrelation coefficient）计算的影响，提出了去趋势预置白 Mann - Kendall（Trend - Free Pre -Whitening Mann - Kendall，TFPW - MK）检验方法。不同于 PW - MK 和 TFPW - MK 方法采用前处理的方式来消除序列自相关的影响，Hamed 等（1998）认为序列存在自相关性并不会影响 Mann - Kendall 统计量的均值及其服从渐进正态分布的特性，只会对其方差产生影响，并提出了一种改进的 Mann - Kendall（Modified Mann - Kendall，MMK），方法直接对其统计量的方差进行修正。下面将分别对这几种方法进行描述。

1. Mann - Kendall 检验方法

对于任一给定水文时间序列 $z_t(t=1, \cdots, n)$，在各样本独立的假设下，定义 MK 检验的统计量 S 如下：

$$S = \sum_{i=1}^{n-1} \sum_{j=i+1}^{n} \mathrm{sgn}(z_j - z_i) \qquad (2.1)$$

其中，符号函数 $\mathrm{sgn}(z_j - z_i) = \begin{cases} 1 & (z_j > z_i) \\ 0 & (z_j = z_i)，n \text{ 为水文时间序列的长度。} \\ -1 & (z_j < z_i) \end{cases}$

当 $n \geqslant 10$ 时，统计量 S 近似服从正态分布，且有

$$E(S) = 0 \tag{2.2}$$

$$Var(S) = \frac{n(n-1)(2n+5) + \sum\limits_{i=1}^{d} \psi_i(\psi_i-1)(2\psi_i+5)}{18} \tag{2.3}$$

式中：d 为样本序列中存在等值数据的组数；ψ_i 为第 i 组中等值数据的个数。

标准正态分布统计量 U_{MK} 可以由式（2.4）构造：

$$U_{MK} = \begin{cases} (S-1)/\sqrt{Var(S)} & (S>0) \\ 0 & (S=0) \\ (S+1)/\sqrt{Var(S)} & (S<0) \end{cases} \tag{2.4}$$

MK 检验的零假设为给定水文样本序列无显著趋势。采用双边检验，在显著性水平 α 下，若 $|U_{MK}| < U_{1-\alpha/2}$ 时，接受零假设，即认为水文样本序列无显著趋势；若 $|U_{MK}| > U_{1-\alpha/2}$ 时，那么则拒绝零假设，即认为水文样本序列存在显著趋势：①当 $S<0$ 时，认为序列具有下降的趋势；②当 $S>0$ 时，认为序列具有上升的趋势。其中 $U_{1-\alpha/2}$ 为标准正态分布的上 $\alpha/2$ 分位点（超过概率为 $\alpha/2$ 时，逆标准正态分布的取值）。需要指出的是，在没有特别说明的情况下，本书中显著性水平均选取 $\alpha = 0.05$，则相应的临界值 $U_{1-\alpha/2} = 1.96$。

2. 预置白 Mann - Kendall（PW - MK）检验方法

首先计算给定水文时间序列 $z_t(t=1, \cdots, n)$ 的一阶（lag1）自相关系数 cr_1（即 $\tau=1$）：

$$cr_\tau = \frac{\dfrac{1}{n-\tau}\sum\limits_{t=1}^{n-\tau}(z_t-\overline{z}_t)(z_{t+\tau}-\overline{z}_t)}{\dfrac{1}{n}\sum\limits_{t=1}^{n}(z_t-\overline{z}_t)^2} \tag{2.5}$$

采用双边检验，在显著性水平 φ 下，对 cr_1 进行显著性检验，置信区间为

$$\frac{-1-U_{1-\varphi/2}\sqrt{n-2}}{n-1} \leqslant cr_1 \leqslant \frac{-1+U_{1-\varphi/2}\sqrt{n-2}}{n-1} \tag{2.6}$$

式中：$U_{1-\varphi/2}$ 为标准正态分布的上 $\varphi/2$ 分位点（超过概率为 $\varphi/2$ 时，逆标准正态分布的取值）。

当取 $\varphi = 0.1$ 时，$U_{1-\varphi/2} = 1.645$。

一阶自相关性检验的零假设为原水文时间序列不存在自相关性。故如果 cr_1 的取值落在式（2.6）所示的置信区间内，则接受原假设，认为原水文时间序列独立，不需要进行预置白操作，直接采用原始的 MK 检验方法对序列进行趋势检验。否则，认为实测的原始水文时间序列为一阶自相关过程 [AR（1）]，采

用预置白的方法剔除序列的自相关性，公式为

$$z_t' = z_t - cr_1 z_{t-1} \qquad (2.7)$$

我们认为经过公式（2.7）变换后的序列 z_t' 不存在自相关性，此时便可以应用原始的 MK 检验对序列 z_t' 进行趋势检验。

3. 去趋势预置白 Mann－Kendall（TFPW－MK）检验方法

TFPW－MK 检验方法认为水文时间序列存在线性趋势，对自相关系数的计算有影响，通过去趋势和预置白两个主要步骤，剔除了水文时间序列自身线性趋势对自相关系数估计的影响。假设水文时间序列同时存在线性趋势和一阶自相关性，则 TFPW－MK 方法的主要步骤如下：

（1）采用 Theil－Sen 方法计算实测水文样本序列趋势的强度 η：

$$\eta = \mathrm{median}\left(\frac{z_j - z_i}{j - i}\right) \quad (\forall\, i < j) \qquad (2.8)$$

（2）剔除序列中的线性趋势项，得到不含趋势项的序列 Y_t：

$$Y_t = z_t - \eta t \qquad (2.9)$$

（3）应用式（2.5）计算去除线性趋势的水文时间序列 $Y_t(t = 1, \cdots, n)$ 的一阶自相关系数 cr_1，并计算其是否位于式（2.6）的置信区间内，若是，则对原始实测水文时间序列 $z_t(t = 1, \cdots, n)$ 进行 MK 检验，否则，采用预置白检验方法去除序列的自相关性，得到独立序列 Y_t'，公式为

$$Y_t' = Y_t - cr_1 Y_{t-1} \qquad (2.10)$$

（4）补还式（2.9）中的趋势项 ηt，得到不受序列自相关性影响的新序列 Y_t''：

$$Y_t'' = Y_t' + \eta t \qquad (2.11)$$

（5）对新序列 Y_t'' 进行 MK 检验。

4. 改进的 Mann－Kendall（MMK）检验方法

不同于 PW－MK 和 TFPW－MK 检验方法采用前处理的方式来消除序列自相关的影响，Hamed 等（1998）提出的 MMK 方法充分考虑了时间序列所有显著的自相关系数，直接对 MK 统计量的方差进行修正，并给出修正后的方差 $Var(S)^*$ 的计算式：

$$Var(S)^* = Var(S)\frac{n}{n^*} \qquad (2.12)$$

$$\frac{n}{n^*} = 1 + \frac{2}{n(n-1)(n-2)} \sum_{\tau=1}^{n-1} (n-\tau)(n-\tau-1)(n-\tau-2) cr_\tau^r \qquad (2.13)$$

式中：$Var(S)$ 为基于式（2.3）计算的 MK 统计量的方差；n 为实测样本序列的长度；n^* 为有效样本长度；cr_τ^r 为样本秩次统计量的 τ 阶显著自相关系数（显著性水平 $\varphi = 0.1$）。

为了计算式（2.4）中的 MK 检验统计量，此时采用 $Var(S)^*$ 来替换 $Var(S)$。

Hamed 等（1998）已经证明相较于原始的 MK 检验方法，MMK 检验方法能够更准确地检测水文时间序列趋势的显著性，并且即使时间序列不存在自相关性时，MMK 检验方法也可以得到和原始 MK 检验方法相当的效果。

2.1.2 Pettitt 变点检验法

Pettitt 变点检验法是由 Pettitt（1979）提出的一种非参数变点检验方法，该方法具有计算简单、结果稳健、不受少数异常值干扰等优点，可以明确地给出突变发生的时间，在水文、气象等相关领域得到了广泛的应用（曾杭，2015；杜涛，2016；谢平等，2009；徐宗学等，2012）。下面对该方法进行简要介绍。

对于某一水文样本极值序列 z_1，z_2，$\cdots$，z_n，假定 t 时刻是该序列中突变最可能发生的时间，那么以时间 t 作分段点，将原始水文样本极值序列分为 z_1，z_2，$\cdots$，z_t 和 z_{t+1}，z_{t+2}，$\cdots$，z_n 两个子序列，并假设其分别服从分布 $F_Z^1(z)$ 和 $F_Z^2(z)$。Pettitt 检验的核心是在显著性水平 α 下，检验 $F_Z^1(z)$ 和 $F_Z^2(z)$ 是否为同一分布。计算统计量 $U_{t,n}$：

$$U_{t,n} = U_{t-1,n} + V_{t,n} \quad (t=2,\cdots,n) \tag{2.14}$$

其中：$V_{t,n} = \sum_{j=1}^n \mathrm{sgn}(z_t - z_j)$，$\mathrm{sgn}(z_t - z_j) = \begin{cases} 1 & (z_t > z_j) \\ 0 & (z_t = z_j) \\ -1 & (z_t < z_j) \end{cases}$，$n$ 为水文时间序列的长度。此外，需要说明的是 $U_{1,n} = V_{1,n}$。

定义突变点可能发生时间 t 所对应的统计量 K_t：

$$K_t = \max_{1 \leqslant t \leqslant n} |U_{t,n}| \tag{2.15}$$

突变点的显著性水平为

$$P_t = 2\exp[-6K_t^2/(n^3 + n^2)] \tag{2.16}$$

Pettitt 变点检验法的零假设为实测样本序列不存在突变。如果 $P_t > \alpha$，那么接受零假设，认为样本序列在时间 t 处没有显著变点，否则若 $P_t < \alpha$，则拒绝零假设，认为样本序列在时间 t 处存在显著变点。

2.2 基于时变单一分布模型的洪水频率分析

基于时变矩法构建的时变单一分布模型是由 Strupczewski 等（2001）提出的非一致性频率分析模型。该模型能够将洪水极值序列所服从的概率分布的分布参数，也就是序列的矩描述为时间或其他协变量的线性、二次型或者指数型的函数，从而将洪水极值序列的趋势成分嵌入到极值序列所服从的概率分布中。在此基础上，Rigby 等（2005）提出了一种半参数回归模型，即 GAMLSS 模型，该模型克服了广义线性模型（Generalized Linear Model，GLM）以及广义可加模型（Generalized Additive Model，GAM）的局限性，实测水文极值序列所服从的分布不再局限于正态分布和指数分布族，将实测极值序列服从的分布类型扩展到更多的分布族，包括一系列高偏度和高峰度的离散的和连续的概率分布（Stasinopoulos 等，2017）。此外，GAMLSS 模型可以将概率分布任一统计参数表示为时间或者其他协变量的线性以及非线性（比如多项式函数、指数函数、对数函数）函数形式，同时还可通过非参数平滑函数（例如样条曲线）将统计参数表征为时间或者其他协变量的非参数函数。GAMLSS 模型依托于近年来在数据分析和统计领域热度持续上升的 R 语言编程平台构建，目前已经有比较完善和成熟的工具包（package）供研究人员使用，这些都为基于时变单一分布模型的非一致性频率分析方法的推广和应用提供了强有力的支撑。近年来，时变单一分布模型在非一致性水文极值序列的频率分析中得到了愈发广泛的应用（Cannon，2010；Liu 等，2014；López 等，2013；Read 等，2015；Villarini 等，2009；Yan 等，2017a；Zhang 等，2015；杜涛，2016；顾西辉等，2015；江聪，2017；熊立华等，2015）。

本章在 GAMLSS 模型的理论框架下，基于时变矩法构建时变单一分布模型。下面对时变矩法和 GAMLSS 模型进行介绍。

在 GAMLSS 模型中，对于任一给定的水文样本极值序列 z_t（$t=1$，…，n），$f(z_t|\boldsymbol{\theta}^t)$ 为观测值 z_t 在时刻 t 的概率密度函数［相应的累积概率密度函数为 $F(z_t|\boldsymbol{\theta}^t)$］，$\boldsymbol{\theta}^t=(\theta_{t1}, \theta_{t2}, …, \theta_{tp})$ 为时刻 t 概率分布的分布参数向量，p 为分布参数的个数。记所有时刻的第 L 个统计参数组成向量为 $\boldsymbol{\theta}_L=(\theta_{1L}, \theta_{2L}, …, \theta_{nL})^T$，$L=1$，…，$p$。使用连接函数 $g(\cdot)$ 将 $\boldsymbol{\theta}_L$ 表示为解释变量 $\boldsymbol{X}_L$ 和随机效应项的单调函数：

$$g(\boldsymbol{\theta}_L) = \boldsymbol{X}_L\boldsymbol{\beta}_L + \sum_{j=1}^{J_L} \boldsymbol{D}_{jL}\boldsymbol{\gamma}_{jL} \tag{2.17}$$

式中：$\boldsymbol{X}_L$ 为 $n \times I_L$ 的解释变量矩阵；$\boldsymbol{\beta}_L$ 为线性回归系数向量，$\boldsymbol{\beta}_L=(\beta_{1L}, …, \beta_{I_LL})^T$；$\boldsymbol{D}_{jL}\boldsymbol{\gamma}_{jL}(j=1, …, J_L)$ 为第 j 个随机效应项；J_L 为随机效应项的个数；$\boldsymbol{D}_{jL}$ 为已知的 $n\times q_{jL}$ 矩阵；$\boldsymbol{\gamma}_{jL}$ 为 q_{jL} 维的正态分布随机变量向量。

在应用 GAMLSS 模型的实际应用中，研究人员一般忽略随机效应项影响。那么式（2.17）将被转化为全参数模型：

$$g(\boldsymbol{\theta}_L)=\boldsymbol{X}_L\boldsymbol{\beta}_L \tag{2.18}$$

此外，在水文频率分析领域，常用的概率分布最多包含 3 个参数，因此在拓展到非一致性频率分析时，研究人员仍然选取 $p\leqslant3$，这样能够保证在构建时变单一分布模型时拥有足够的灵活性。此时，参数向量 $\boldsymbol{\theta}^t$ 可以简化为 $\boldsymbol{\theta}^t=(\mu_t, \sigma_t, \varepsilon_t)$，其中 μ_t 和 σ_t 分别代表位置参数（样本序列一阶矩）和尺度参数（样本

序列二阶矩），ε_t 表示分布的形状参数。因此式（2.18）可具体表示为

$$\left. \begin{array}{l} g(\mu_t) = \boldsymbol{X}_1 \boldsymbol{\beta}_1 \\ g(\sigma_t) = \boldsymbol{X}_2 \boldsymbol{\beta}_2 \\ g(\varepsilon_t) = \boldsymbol{X}_3 \boldsymbol{\beta}_3 \end{array} \right\} \tag{2.19}$$

其中解释变量 $\boldsymbol{X}_L$ 的具体形式为

$$\boldsymbol{X}_L = \begin{bmatrix} 1 & x_{11} & \cdots & x_{1(I_L-1)} \\ 1 & x_{21} & \cdots & x_{2(I_L-1)} \\ \vdots & \vdots & \ddots & \vdots \\ 1 & x_{n1} & \cdots & x_{n(I_L-1)} \end{bmatrix}_{n \times I_L} \tag{2.20}$$

下面以位置参数 μ_t 为例来具体说明分布参数与解释变量之间的函数关系，将式（2.20）代入式（2.19）可得

$$g(\mu_t) = \begin{bmatrix} 1 & x_{11} & \cdots & x_{1(I_L-1)} \\ 1 & x_{21} & \cdots & x_{2(I_L-1)} \\ \vdots & \vdots & \ddots & \vdots \\ 1 & x_{n1} & \cdots & x_{n(I_L-1)} \end{bmatrix}_{n \times I_L} \begin{bmatrix} \beta_{11} \\ \beta_{21} \\ \vdots \\ \beta_{I_L 1} \end{bmatrix}_{I_L \times 1} \tag{2.21}$$

式中：I_L 为解释变量的个数。

本章采用极大似然法（Maximum Likelihood Estimation，MLE）估计式（2.19）中模型解释变量的 3 个回归系数向量 $\boldsymbol{\beta}_1$、$\boldsymbol{\beta}_2$、$\boldsymbol{\beta}_3$，其似然函数可以表示为

$$L(\boldsymbol{\beta}_1, \boldsymbol{\beta}_2, \boldsymbol{\beta}_3) = \prod_{t=1}^{n} f(z_t \mid \boldsymbol{\beta}_1, \boldsymbol{\beta}_2, \boldsymbol{\beta}_3) \tag{2.22}$$

以式（2.22）所示似然函数值最大为目标函数，便可以得到回归系数 $\boldsymbol{\beta}_1$、$\boldsymbol{\beta}_2$、$\boldsymbol{\beta}_3$ 的估计值（Rigby 等，2005）。

2.3   模型评价准则及拟合优度检验

2.3.1   模型评价准则

GAMLSS 模型的全局拟合偏差（global deviation）GD 定义如下：

$$\text{GD} = -2\ln L(\hat{\boldsymbol{\beta}}_1, \hat{\boldsymbol{\beta}}_2, \hat{\boldsymbol{\beta}}_3) = -2\sum_{t=1}^{n} \ln f(z_t \mid \hat{\boldsymbol{\beta}}_1, \hat{\boldsymbol{\beta}}_2, \hat{\boldsymbol{\beta}}_3) \tag{2.23}$$

式中：$L(\hat{\boldsymbol{\beta}}_1, \hat{\boldsymbol{\beta}}_2, \hat{\boldsymbol{\beta}}_3)$ 为模型回归系数向量估计值所对应的似然函数值。

在 GAMLSS 模型的实际应用中，研究人员通常采用不同类型的极值分布来拟合水文极值序列，并假设分布参数具有不同的变化类型，由于 $\boldsymbol{\beta}_3$ 参数极为敏

感，通常假设其为固定参数。因此 GAMLSS 模型参数主要有以下 4 种变化类型：①$\boldsymbol{\beta}_1$ 和 $\boldsymbol{\beta}_2$ 均不时变（一致性条件下的对照组）；②$\boldsymbol{\beta}_1$ 和 $\boldsymbol{\beta}_2$ 均为时变；③$\boldsymbol{\beta}_1$ 时变而 $\boldsymbol{\beta}_2$ 为固定参数；④$\boldsymbol{\beta}_1$ 为固定参数而 $\boldsymbol{\beta}_2$ 时变。因此，通过选择不同的概率分布函数作为备选分布，并考虑分布参数不同的变化类型，可以构建数十种概率分布模型。为了避免备选模型出现过拟合（over-fitting）并定量地评估所建立各模型的拟合优度（goodness-of-fit），采用 AIC（akaike information criterion）准则（Akaike，1974）进行最优模型的选取：

$$AIC = GD + 2\rho \qquad (2.24)$$

式中：ρ 为模型中需要单独率定的参数个数；GD 为式（2.23）中计算的全局拟合偏差。

AIC 值越小说明模型的整体表现越优。需要说明的是，当不同模型得到的 AIC 值较为接近时，我们通过检验各模型的拟合优度来辅助最优模型的选取。

2.3.2　模型拟合优度检验指标

AIC 准则可以帮助研究人员挑选出整体表现最优的时变单一分布模型，但是却无法进一步帮助研究人员了解最优模型的具体表现如何。在变化环境下，研究人员通常更关心所构建的时变单一分布模型能否很好地表征洪水样本极值序列的非一致性。实测样本极值序列的经验残差与时变概率分布模型的理论残差，是衡量模型表现及其分布参数估计准确性的重要指标。因此，可以通过比较二者之间的关系来判断构建的最优时变概率分布模型能否模拟/拟合实测的水文样本极值序列（Cooley，2013；Stasinopoulos 等，2017；Villarini 等，2009）。首先，对构建的时变概率分布模型的残差序列 $u_t(t=1，\cdots，n)$ 进行标准正态化处理，公式为

$$\left.\begin{aligned} r_t &= \Phi^{-1}(u_t) \\ u_t &= F(z_t \mid \hat{\boldsymbol{\theta}}_t) \end{aligned}\right\} \qquad (2.25)$$

式中：r_t 为标准正态化理论残差；$\Phi^{-1}(\cdot)$ 为标准正态分布累积概率密度函数的逆函数；$F(z_t \mid \hat{\boldsymbol{\theta}}_t)$ 为本书构建的时变概率分布模型；$\hat{\boldsymbol{\theta}}_t$ 为时变概率分布模型的分布参数的估计值。

实测样本极值序列的标准正态化经验残差 $M_t(t=1，\cdots，n)$ 可以通过式（2.26）计算（杜涛，2016；薛毅和陈立萍，2006）：

$$M_t = \Phi^{-1}\left(\frac{t-0.375}{n+0.25}\right) \qquad (2.26)$$

对基于式（2.25）和式（2.26）分别得到的标准正态化理论残差序列和经验残差序列，分别采用标准正态残差 Q-Q 图（Dunn 等，1996）、worm 图

（van Buuren 等，2001），以及百分位数曲线图（Rigby 等，2005；Stasinopoulos 等，2017）定性地评价时变概率分布模型的拟合效果；采用 Filliben 相关指数（Filliben，1975）来定量地评价时变概率分布模型的拟合效果。下面对本章采用的评价指标进行介绍。

1. 标准正态残差 Q-Q 图

将标准正态化理论残差序列 r_t 升序排列得到 r_t^a，然后分别以理论正态残差 r_t^a 为横坐标，以标准正态化经验残差 M_t 为纵坐标，便得到标准正态残差 Q-Q 图（简称 Q-Q 图）。需要说明的是，Q-Q 图中的点据越接近 1:1 线，表明实际残差值与理论残差值越接近，时变概率分布模型的拟合效果越好。

2. 残差 worm 图

worm 图是一种进行残差分析的非常有用的诊断工具，也可以看作是去趋势的 Q-Q 图，能够更便捷、更有效地给出模型理论正态残差与经验正态残差的差异。以升序排列后的理论正态残差 r_t^a 为横坐标，以理论正态残差与经验正态残差的差值（$r_t^a - M_t$）为纵坐标，将二者点绘在直角坐标系中，便可得到 worm 图。通常认为当 worm 图中的点据位于式（2.27）计算的置信区间内时，模型拟合效果较好，并且点据趋势越平缓，形状越扁平，模型拟合效果越好。置信区间可由式（2.27）计算：

$$\left. \begin{array}{l} CI_U = \Phi^{-1}(1-\alpha/2)\sqrt{\Phi(M_t^i)[1-\Phi(M_t^i)]/n}/f_{no}(M_t^i) \\ CI_L = -\Phi^{-1}(1-\alpha/2)\sqrt{\Phi(M_t^i)[1-\Phi(M_t^i)]/n}/f_{no}(M_t^i) \end{array} \right\} \tag{2.27}$$

式中：CI_L 和 CI_U 分别为置信区间的下边界和上边界；α 为显著性水平；M_t^i 为包含 M_t 在内的间距为 0.25 的分位点序列；$f_{no}(\cdot)$ 为正态分布的概率密度函数；$\Phi(\cdot)$ 和 $\Phi^{-1}(\cdot)$ 分别为标准正态分布的累积概率密度函数及其逆函数。

3. 百分位数曲线图

百分位数曲线图可以用来直观地检验时变概率分布模型的概率覆盖率。首先，基于式（2.28）计算不同百分位数（5th，25th，50th，75th 和 95th）所对应的百分位数曲线 z_q^{cen}：

$$\left. \begin{array}{l} z_q^{cen} = F^{-1}(p_{cen}|\hat{\theta}_t) \\ p_{cen} = 0.05, 0.25, 0.50, 0.75, 0.95 \end{array} \right\} \tag{2.28}$$

式中：$F^{-1}(\cdot|\hat{\theta}_t)$ 为本章构建的时变概率分布的累积概率密度函数的逆函数。

在得到百分位数曲线 z_q^{cen} 之后，将待研究的实测水文样本极值序列 z_t 与 z_q^{cen} 点绘在一起，便可得到百分位数曲线图。百分位数曲线图基于所构建的时变概率分布模型给出了不同百分位数（5th、25th、50th、75th 和 95th）的概率覆盖率，即实测样本极值序列落在各百分位数曲线之下的比例。以 50th 百分位数曲线为例，理论上讲，如果位于该曲线之下的实测样本数据的比例越接近 50%，则模型的概率覆盖率越好，其他百分位数曲线类似。

4. Filliben 相关系数

Filliben 相关系数定义为升序排列后的理论正态残差 r_t^a 与经验正态残差 M_t 的相关系数 FI_r，数学表达式如下（Filliben，1975）：

$$FI_r = Cor(r_t^a, M_t) = \frac{\sum_{t=1}^{n} (r_t^a - \overline{r}^a)(M_t - \overline{M})}{\sqrt{\sum_{t=1}^{n} (r_t^a - \overline{r}^a)^2 \sum_{t=1}^{n} (M_t - \overline{M})^2}} \tag{2.29}$$

式中：$\overline{r}^a$ 和 $\overline{M}$ 分别为升序排列后的理论正态残差和经验正态残差的均值。

需要指出的是，在显著性水平 α 下，如果 FI_r 大于临界值 FI_α，则通过 Filliben 相关系数检验，表明模型的理论正态残差和经验正态残差有着较好的相关性。

2.4 应 用 研 究

本节将基于时变单一分布模型的非一致性频率分析理论和方法应用在我国的渭河流域华县站、咸阳站、张家山站 3 个水文站以及美国新泽西州的一个城市区域的年最大洪水序列进行实例验证。

2.4.1 研究区和数据

本章总共选择了 4 个流域的年最大洪水序列来说明基于时变单一分布模型的非一致性频率分析方法。分别为我国渭河流域华县站、咸阳站、张家山站 3 个控制面积较大的水文站的年最大洪水序列，以及美国新泽西州一个小城市区域——Assunpink 流域的年最大洪水序列。所选 4 个流域及其水文控制站点基本信息见表 2.1。选择上述流域作为研究区域主要是因为以下 3 点原因：①上述 4 个流域都位于高人口密度区域，符合"社会水文学"（Sivapalan 等，2012）以及"水文地貌学"（Vogel 等，2015）提出的挑战和要求，可以研究不断增长的人口和人类活动强度对水文过程的影响；②在上述 4 个流域可以获得长期的（至少 59 年）日径流数据、气象数据和人口数据；③所选待研究流域拥有较好的代表性。上述 4 个流域的年最大洪水序列表现出不同的变化趋势：渭河流域 3 个站点表现出下降趋势，而 Assunpink 流域则表现出上升趋势。此外，上述流域代表着不同的下垫面情况：渭河流域 3 个子流域是拥有着复杂地貌的大流域，Assunpink 流域是高度城市化的小区域。下面对这 4 个流域及水文站点分别进行介绍。

表 2.1 各研究流域及水文站点基本信息

研 究 流 域	水 文 站 名 称	经 度	纬 度	控制面积/km²
渭河流域	华县站	109°46′E	34°35′N	106321
渭河流域	咸阳站	108°42′E	34°19′N	47504
渭河流域	张家山站	111°09′E	34°38′N	45400
Assunpink 流域	Assunpink 站	74°44′W	40°13′N	235

渭河发源于甘肃省渭源县并流经黄土高原南部，是黄河流域最大的支流，干流总长约 828km。地理坐标位于 33°40′～37°26′N 和 103°57′～110°27′E（图 2.1），流域面积约为 134800km²。流域位于半湿润向半干旱过渡区域并受典型温带大陆性季风气候影响。流域年平均气温为 8.4～10.8℃。流域多年平均年总降雨量约为 544mm，其中 60% 的降雨发生在洪水季节（6～9 月）(Huang 等，2016)。渭河流域的降雨和径流均表现出很强的年内和年际变化。华县站位于渭河干流最下游，距离渭河与黄河交汇处约 70km，华县站子流域控制面积约为 106321km²。华县站子流域是我国西部最重要的工业和农业产区之一。此外，华县站子流域还是国家重点经济开发区——关中平原的主要水源地。在过去的几十年中，由于人口的快速增长和经济的快速发展，流域内工业用途、农业用途和居民生活用水的总耗水量已经明显增加。据统计，1960 年，华县子流域的人口约为 1500 万人，这个数字在 2012 年翻倍并达到了 3000 万。在过去几十年间，华县子流域的平均经济增速超过 10%。此外，自 20 世纪 50 年代以来，流域内兴建了许多水库和水土保持工程。因此，高强度的人类活动已经极大地改变了华县子流域的下垫面条件并进一步影响了流域内的水文过程（Chang 等，2015；Huang 等，2016；Li 等，2017；Jiang 等，2015b；Xiong 等，2015；Yan 等，2017a；Yu 等，2014；左德鹏等，2013）。

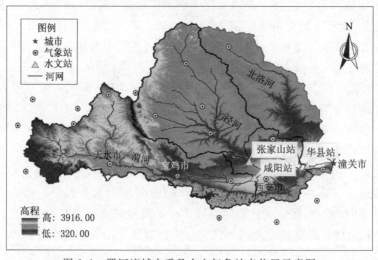

图 2.1 渭河流域水系及水文气象站点位置示意图

　　泾河位于黄土高原中部，是渭河最大的支流。泾河流域（图2.2）地理坐标覆盖34°46′～37°24′N 和106°14′～109°06′E。泾河流域位于半干旱地区，流域气候受典型温带大陆性季风气候的影响。泾河流域年平均气温为7.3～10.4℃。泾河流域多年平均年总降雨量约为508mm，其中80%的降雨发生在6—10月。张家山站（图2.2）是泾河下游的控制站，位于渭河与泾河交汇点上游约57km处，控制着大约45400km²的流域面积。在过去几十年间，张家山站的年最大洪水序列已经受到高强度的人类活动和气候变化的影响（Chang等，2016；Huang等，2016）。由于人口增长以及工业和农业用水的增加，泾河流域总耗水量增长迅速。经过几十年的发展，泾河流域的人口数量已经翻倍，从1960年的210万发展到2012年的470万。此外，为了控制土壤侵蚀，自20世纪70年代开始，泾河流域兴建了许多水土保持工程，导致流域内土壤植被的轻微增加（Chen等，2008）。

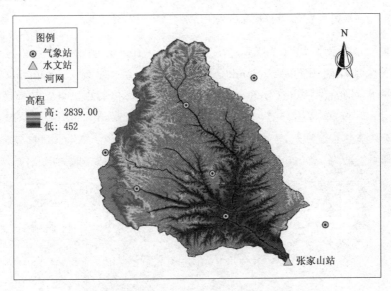

图2.2　渭河张家山站控制流域水系及水文气象站点位置图

　　咸阳站，位于华县站上游约120km处、控制着大约47504km²的流域面积（图2.3）。咸阳站控制流域年平均气温为8.3～10.6℃。1954—2010年，流域内平均年总降雨量约为553mm。近几十年来，流域内经济发展迅速，流域内西安、咸阳、宝鸡三座城市的GDP常年占据陕西省前5位。从20世纪50年代到21世纪，咸阳站控制流域内的人口数量已由约700多万人发展到1600多万人。剧烈的人口增长和城市化进程极大地改变了流域内的下垫面状况，加之气候变化的影响，1954—2010年，咸阳控制站的年最大洪水序列表现出显著的下降趋势。

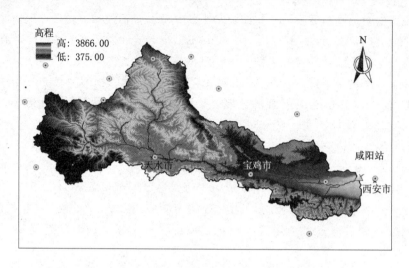

图 2.3 渭河咸阳站控制流域水系及水文气象站点位置图

从美国地质勘测局（USGS，站点 ID：01464000）网站获得的第 4 个研究区域是美国新泽西州的 Assunpink 流域的年最大洪水序列。Assunpink 流域位于新泽西州首府特伦顿市（Trenton）内一处高度城市化的小区域，其地理坐标为 $41°11'\sim40°26'$N 和 $74°35'\sim74°53'$E，流域面积约为 $235km^2$（图 2.4）。Assunpink 流域位于从亚热带湿润气候向湿润大陆性气候转化的区域。Assunpink 流域多年平均年总降雨量约为 945mm，在全年均匀分布。根据 USGS 网站（USGS，2014）

图 2.4 Assunpink 流域水系及水文气象站点位置图

提供的流量资格代码（qualification code），Assunpink 流域所有的或者部分年最大洪水观测值受到城市化、农业变化、渠道变化或者其他变化的影响。随着经济和城市化的发展，该小城市区域的人口密度从 20 世纪 30 年代到 90 年代已经翻番（Dow 等，2000）。此外，为了恢复流域内的自然洪泛平原，自 20 世纪 90 年代以来，在美国环保署棕色土地项目的资助下，流域内修建了许多的棕色土地工程（如城市公园、绿道、自然化的湿地等）。国外学者已经对 Assunpink 流域年最大洪水序列的非一致性开展了许多研究（Obeysekera 等，2014；Serinaldi 等，2015）。

总体来说，本章共需要三类研究数据，包括实测径流数据、各研究流域内对应年限的年总降雨量数据，以及流域内对应年限的人口数据。渭河流域内华县站（1951—2012 年）、咸阳站（1954—2010 年）、张家山站（1954—2012 年）的实测流量数据分别从相应水文站点获得。Assunpink 流域 1948—2013 年的实测年最大洪水序列从 USGS 观测站获得。

由于气候因子和人类活动对径流有着显著的影响，因此，本章采用水文气象协变量——年总降水量（$prec$）和社会经济协变量——人口（pop）这两个具有物理意义的协变量来刻画年最大洪水序列的变化。降雨用来描述气候因子对年最大洪水序列的影响。渭河流域内 22 个气象站的实测日降雨数据由国家气候中心提供（http：//cdc.cma.gov.cn/），各子流域内气象控制站点信息及其权重系数见表 2.2。使用泰森多边形法将各个流域内的站点日值数据序列分别处理为流域面平均数据，最后汇总得到华县站 1951—2012 年、咸阳站 1954—2010 年、张家山站 1954—2012 年的面平均年值序列。Assunpink 流域实测的日降雨序列可以由 NCEP 再分析资料（National Centers for Environmental Prediction reanalysis data）得到。研究人员指出人类活动的影响往往以复杂的方式交互在一起（Villarini 等，2009；Vogel 等，2015）。因此，本章选择人口，这样一个能够综合反映城市化和耗水强度的指标来检验下垫面变化对年最大洪水序列的影响。在资料收集过程中，以城市或者乡镇、自治市镇这样的小行政区域为基本单位搜集每个流域的人口数据，并统计到流域尺度。渭河流域 3 个子流域的人口数据由陕西省和甘肃省统计年鉴获得；Assunpink 流域十年一次的人口普查数据从美国人口普查局获得。

通过减去均值并除以标准差的方式，将 pop 和 $prec$ 两类协变量标准化来消除两个协变量间不同的变化尺度（Villarini 等，2014；Yan 等，2017a）。图 2.5 展示了标准化后 4 个流域的 pop 和 $prec$ 协变量。总体来说，pop 和 $prec$ 协变量呈现出完全不同的变化形式。具体来说，4 个流域的 pop 协变量在观测期内均呈现明显的增加趋势，特别是咸阳站控制流域的 pop 协变量几乎表现出线性增长的趋势，而其他 3 个站点的 pop 协变量表现出近似 S 形的增长类型。从 20 世纪

50 年代开始到 21 世纪初呈现出显著的上升趋势，然后逐渐趋于平稳。不同于 *pop* 协变量的变化形式，4 个流域的 *prec* 协变量在观测期内均表现出明显的波动变化形式。

表 2.2　　　　　　华县站（22 站）、咸阳站（14 站）、
张家山站控制流域（8 站）内气象站点基本信息

站号	站名	经度	纬度	权重/%	站号	站名	经度	纬度	权重/%
				华　县　站					
52983	榆中	104°09′E	35°52′N	0.03	53929	长武	107°48′E	35°12′N	8.81
52986	临洮	103°51′E	35°21′N	1.42	53947	铜川	109°04′E	35°05′N	6.82
52993	会宁	105°05′E	35°41′N	0.67	56093	岷县	104°01′E	34°26′N	3.63
52996	华家岭	105°00′E	35°23′N	6.48	57006	天水	105°45′E	34°35′N	9.03
53723	盐池	107°24′E	37°47′N	0.83	57016	宝鸡	107°08′E	34°21′N	8.16
53738	吴旗	108°10′E	36°55′N	1.36	57034	武功	108°13′E	34°15′N	7.56
53817	固原	106°16′E	36°00′N	3.24	57036	西安	108°56′E	34°18′N	7.01
53821	环县	107°18′E	36°35′N	10.02	57046	华山	110°05′E	34°29′N	1.22
53903	西吉	105°43′E	35°58′N	3.73	57134	佛坪	107°59′E	33°32′N	1.11
53915	平凉	106°40′E	35°33′N	9.40	57143	商州	109°58′E	33°52′N	0.78
53923	西峰镇	107°38′E	35°44′N	8.56	57144	镇安	109°09′E	33°26′N	0.17
				咸　阳　站					
52983	榆中	104°09′E	35°52′N	0.06	53929	长武	107°48′E	35°12′N	1.60
52986	临洮	103°51′E	35°21′N	3.21	56093	岷县	104°01′E	34°26′N	8.15
52993	会宁	105°05′E	35°41′N	1.54	57006	天水	105°45′E	34°35′N	20.54
52996	华家岭	105°00′E	35°23′N	14.51	57016	宝鸡	107°08′E	34°21′N	17.64
53817	固原	106°16′E	36°00′N	1.73	57034	武功	108°13′E	34°15′N	13.48
53903	西吉	105°43′E	35°58′N	8.33	57036	西安	108°56′E	34°18′N	1.42
53915	平凉	106°40′E	35°33′N	5.26	57134	佛坪	107°59′E	33°32′N	2.53
				张　家　山　站					
53723	盐池	107°24′E	37°47′N	2.05	53915	平凉	106°40′E	35°33′N	16.53
53738	吴旗	108°10′E	36°55′N	2.93	53923	西峰镇	107°38′E	35°44′N	21.81
53817	固原	106°16′E	36°00′N	6.66	53929	长武	107°48′E	35°12′N	20.83
53821	环县	107°18′E	36°35′N	25.06	53947	铜川	109°04′E	35°05′N	4.12

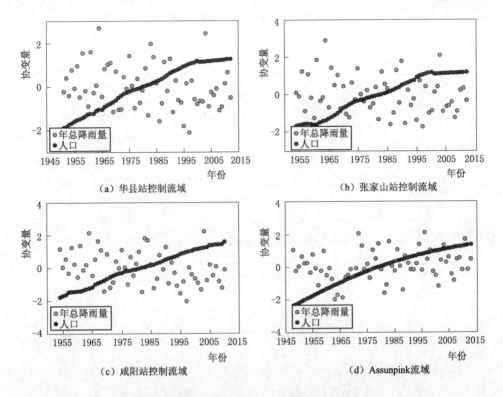

图 2.5 4 个研究区域标准化后的年总人口和
年总降雨量时间序列（需要指出的是 Assunpink 流域的
人口是基于估计的 logistic 增长曲线插值得来）

2.4.2 洪水序列非一致性诊断

本节对所选 4 个研究区域的年最大洪水序列进行非一致性诊断。各个研究区的年最大洪水序列如图 2.6 所示。分别采用 2.1.1 节中介绍的 4 种趋势检验法，即 MK 趋势检验法、PW－MK 趋势检验法、TFPW－MK 趋势检验法、MMK 趋势检验法，对 4 个研究流域的年最大洪水序列进行趋势检验。采用 Pettitt 变点检验法对 4 个研究流域的年最大洪水序列进行跳跃性检验。趋势检验和跳跃性检验的结果见表 2.3，序列趋势线和跳跃线见图 2.6。总体来说，渭河华县站子流域（1951—2012 年）、张家山站子流域（1954—2012 年）以及咸阳站子流域（1954—2010 年）的年最大洪水序列均表现出显著的下降趋势/向下跳跃突变（图 2.6）；而 Assunpink 小流域的实测年最大洪水序列（1948—2013 年）表现出显著的上升趋势/向上跳跃突变［图 2.6（d）］。

表 2.3 研究区年最大洪水序列非一致性诊断结果

趋势和变点检验	华县站子流域	张家山站子流域	咸阳站子流域	Assunpink 流域
MK 检验统计量 $(U_{1-\alpha/2}=1.96)$	$-4.25\downarrow$	$-2.50\downarrow$	$-4.08\downarrow$	$2.51\uparrow$
PW-MK 检验统计量	$-3.62\downarrow$	$-2.79\downarrow$	$-2.95\downarrow$	$2.81\uparrow$
TFPW-MK 检验统计量	$-4.23\downarrow$	$-2.57\downarrow$	$-3.81\downarrow$	$2.71\uparrow$
MMK 检验统计量	$-2.02\downarrow$	$-2.15\downarrow$	$-2.04\downarrow$	1.95
Pettitt 变点检验 $P_t(\alpha=0.05)$	0.001（1985 年）	0.072（1998 年）	0.002（1981 年）	0.031（1965 年）

注 符号"↑"表示序列存在显著的上升趋势，"↓"表示序列存在显著的下降趋势。

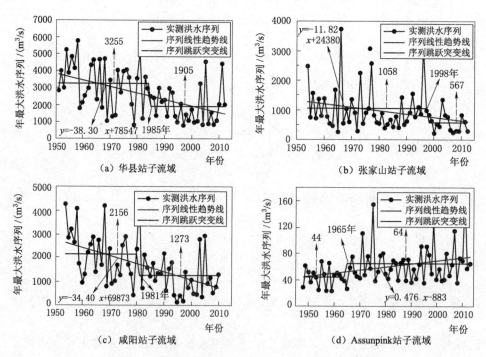

图 2.6 研究流域年最大洪水序列及相应趋势线与跳跃线
（数字表示突变点前后年最大洪水序列的多年平均值）

　　从表 2.3 所示趋势分析的结果来看，本章采用的 4 种趋势分析方法在 4 个研究流域均能够得到较为统一的检验结果，说明本章所选的趋势检验方法在不同流域的适用性较好，也相互印证了所选 4 个研究流域的年最大洪水序列确实存在趋势。具体来说，4 种方法在渭河 3 个子流域均能检测到下降趋势，且均能通过显著性水平为 0.05 的趋势性检验（检验统计量的绝对值均大于 1.96）。对于 Assunpink 流域的年最大洪水序列来讲，MK 趋势检验法、PW－MK 趋势检验法、TFPW－MK 趋势检验法均能检测到上升趋势，且均能通过显著性水平为 0.05 的趋势性检验，而 MMK 趋势检验法虽然能够检测到序列存在上升趋势，却未能通过显著性检验。此外，我们可以发现，对于所有的 4 个研究区域来说，不同于基于对 MK 检验进行前置处理改进的 3 种方法（MK、PW－MK 和 TFPW－MK），基于方差修正的 MMK 检验得到的检验统计量的绝对值在所有趋势检验方法中总是最小的。表 2.3 给出了各个流域的 Pettitt 变点检验结果。从结果来看，华县站子流域、咸阳站子流域和 Assunpink 流域的年最大洪水序列存在着显著的突变点，而张家山站子流域的年最大洪水序列的突变点并不显著。其中华县站子流域的突变点位于 1985 年，咸阳站子流域的突变点位于 1981 年，Assunpink 流域的突变点位于 1965 年。

2.4.3　基于时变单一分布模型的洪水频率分析

由 2.4.2 节中初步的非一致性诊断结果可知，本章所选 4 个研究流域的年最大洪水序列均存在显著的变化趋势。因此，本节将基于 GAMLSS 模型来建立时变单一分布模型。研究人员在实践中考虑了多种概率分布来模拟洪水极值序列，并将它们分为四组（El Adlouni 等，2008）：正态分布族（如正态分布、lognormal），广义极值分布族（如 GEV、Gumbel、Weibull），皮尔逊 Ⅲ 型分布族（gamma，P-Ⅲ，对数 P-Ⅲ分布）和广义帕累托分布。基于上述划分，本章选用三种两参数分布，即两参数 lognormal（LN）、Weibull（W）和 gamma（G），以及两种三参数分布，即 P-Ⅲ 和 GEV 作为拟合洪水极值序列的备选分布（表 2.4）。分别选择时间协变量（t）和物理协变量（年总降雨量 $prec$ 和年总人口 pop）作为解释变量，在 GAMLSS 框架下构建时变单一分布模型，应用时变矩法将各个备选分布的分布参数表示为解释变量的函数，并基于构建的时变单一分布模型对各研究区域的年最大洪水序列进行非一致性频率分析。需要说明的是，由于 GEV 分布和 P-Ⅲ 分布的形状参数 ε 非常敏感且较难估计，在构建时变单一分布模型时，通常不考虑形状参数的时变特征（Coles，2001；Du 等，2015；Obeysekera 等，2014）。因此，和前人研究保持一致，本章中，我们仅考虑参数的 4 种变化形式：①μ 和 σ 均不时变（一致性条件下的对照组）；②μ 和 σ 均为时变；③μ 时变而 σ 为固定参数；④μ 为固定参数而 σ 时变，综合考虑四类变化形式和协变量的选取（时间协变量 t 或者物理协变量 $prec$ 和/或 pop），时变单一分布模型共有 20 种变化情景（图 2.7）。

表 2.4　文中用来拟合洪水序列的两参数和三参数备选概率分布

分布	概率密度函数	矩与统计参数关系	连接函数
Lognormal (LN)	$f_Z(z\|\mu,\sigma)=\dfrac{1}{\sqrt{2\pi}\sigma z}\exp\left[-\dfrac{(\ln z-\mu)^2}{2\sigma^2}\right]$ $z>0,\ \mu>0,\ \sigma>0$	$E(Z)=\omega^{1/2}e^{\mu}$ $Var(Z)=\omega(\omega-1)e^{2\mu}$ $\omega=\exp(\sigma^2)$	$g(\mu)=\mu$ $g(\sigma)=\ln\sigma$
Gamma (G)	$f_Z(z\|\mu,\sigma)=\dfrac{z^{(1/\sigma^2-1)}e^{-z/(\mu\sigma^2)}}{(\mu\sigma^2)^{1/\sigma^2}\Gamma(1/\sigma^2)}$ $z>0,\ \mu>0,\ \sigma>0$	$E(Z)=\mu$ $Var(Z)=\mu^2\sigma^2$	$g(\mu)=\ln\mu$ $g(\sigma)=\ln\sigma$
Weibull (W)	$f_Z(z\|\mu,\sigma)=\dfrac{\sigma z^{\sigma-1}}{\mu^{\sigma}}\exp\left[-\left(\dfrac{z}{\mu}\right)^{\sigma}\right]$ $z>0,\ \mu>0,\ \sigma>0$	$E(Z)=\mu\Gamma\left(\dfrac{1}{\sigma}+1\right)$ $Var(Z)=\mu^2\left\{\Gamma\left(\dfrac{2}{\sigma}+1\right)-\left[\Gamma\left(\dfrac{1}{\sigma}+1\right)\right]^2\right\}$	$g(\mu)=\ln\mu$ $g(\sigma)=\ln\sigma$
GEV	$f_Z(z\|\mu,\sigma,\epsilon)=\dfrac{1}{\sigma}\left[1+\epsilon\left(\dfrac{z-\mu}{\sigma}\right)\right]^{(-1/\epsilon)-1}\exp\left\{-\left[1+\epsilon\left(\dfrac{z-\mu}{\sigma}\right)\right]^{-1/\epsilon}\right\}$ $-\infty<\mu<\infty,\ \sigma>0,\ -\infty<\epsilon<\infty$	$E(Z)=\mu-\dfrac{\sigma}{\epsilon}+\dfrac{\sigma}{\epsilon}\eta_1$ $Var(Z)=\sigma^2(\eta_2-\eta_1^2)/\epsilon^2$ $\eta_m=\Gamma(1-m\epsilon)$	$g(\mu)=\mu$ $g(\sigma)=\ln\sigma$ $g(\epsilon)=\epsilon$
P-Ⅲ	$f_Z(z\|\mu,\sigma,\epsilon)=\dfrac{1}{\sigma\|\mu\epsilon\|\Gamma(1/\epsilon^2)}\left(\dfrac{z-\mu}{\mu\sigma\epsilon}+\dfrac{1}{\epsilon^2}\right)^{\frac{1}{\epsilon^2}-1}\exp\left[-\left(\dfrac{z-\mu}{\mu\sigma\epsilon}+\dfrac{1}{\epsilon^2}\right)\right]$ $\sigma>0,\ \epsilon\neq0,\ \dfrac{z-\mu}{\mu\sigma\epsilon}+\dfrac{1}{\epsilon^2}>0$	$E(Z)=\mu$ $C_v=\sigma$ $C_s=2\epsilon$	$g(\mu)=\ln\mu$ $g(\sigma)=\ln\sigma$ $g(\epsilon)=\epsilon$

注　$E(Z)$ 和 $Var(Z)$ 分别为年最大洪水序列的均值和方差; $g(\cdot)$ 为连接函数; μ,σ 和 ϵ 分别为备选概率分布的位置参数、尺度参数以及形状参数。

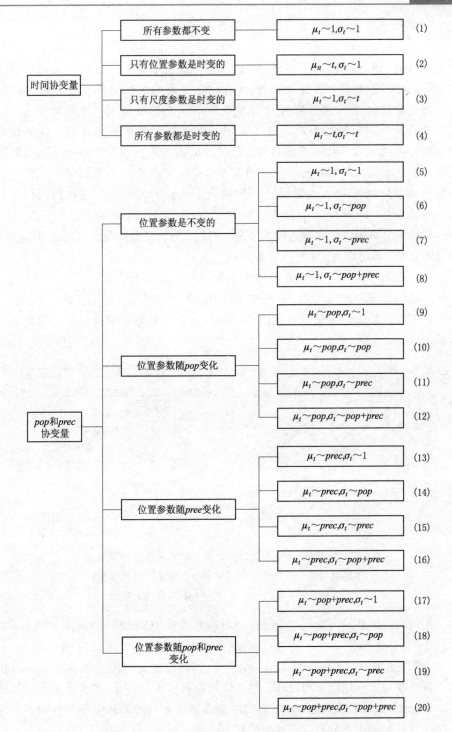

图 2.7　本章构建的时变单一分布模型及其参数变化类型

1. 渭河华县站子流域非一致性洪水频率分析

当以时间 t 为协变量时,基于 GAMLSS 构建的不同变化情景的时变单一分布模型的 AIC 值如图 2.8(a)所示。从 AIC 值来看,位置参数 μ 和尺度参数 σ 均随时间协变量 t 线性变化的 gamma 分布是最优时变单一分布模型。同时,通过比较每个备选分布的分布参数在不同变化情景下(变化情景 1~4)的时变单一分布模型的表现,可以发现,无论对于何种备选分布,仅位置参数 μ 随时间协变量变化(变化情景 2)以及位置参数 μ 和尺度参数 σ 均随时间变化(变化情景 4)的时变单一分布模型都要优于参数均不变的时不变单一分布模型(变化情景 1),说明渭河华县站子流域的年最大洪水序列确实存在着非一致性。

渭河华县站子流域年最大洪水序列以时间 t 为协变量的最优非一致性 gamma 模型的分布参数可以表达为式(2.30):

$$\left.\begin{array}{l}\ln \mu_t = 8.3110 - 0.0148(t-1950) \\ \ln \sigma_t = -1.0748 + 0.0097(t-1950)\end{array}\right\} \quad (t=1951\sim2012) \qquad (2.30)$$

接下来,需要对挑选出的最优时变单一分布模型的模型表现进行定性以及定量的评估。

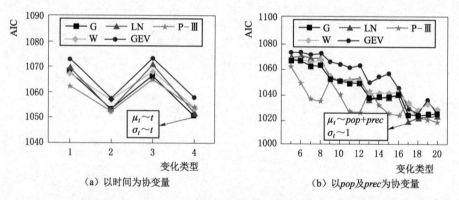

(a)以时间为协变量   (b)以*pop*及*prec*为协变量

图 2.8 华县站子流域使用时间协变量和 *pop* 及 *prec* 协变量的
不同时变单一分布模型的 AIC 值(黑框表示最优模型,
x 轴上的数字对应的是图 2.7 中的 20 种变化情景)

使用时间协变量的最优时变单一分布模型的 Q-Q 图和 worm 图如图 2.9 所示。Q-Q 图的结果显示,大多数点据都分布在 1:1 线附近 [图 2.9(a)]。worm 图结果显示,图中所有点据均分布在 95% 置信区间内 [图 2.9(b)]。随后,计算模型标准化正态理论残差和经验残差序列的 Filliben 相关系数,结果表明,Filliben 相关系数为 0.989,表明模型理论残差与经验残差相关性较好,残差序列服从标准正态分布,所选模型较为合理。

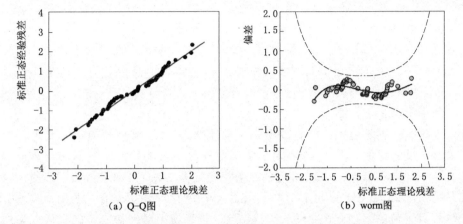

图 2.9　渭河华县站子流域使用时间协变量的最优时变单一分布模型的拟合优度诊断图
（worm 图的纵轴为标准正态理论残差和标准正态经验残差的差值）

表 2.5　　　　　　　各流域最优时变单一分布模型的 Filliben 系数

研　究　流　域	时间 t 为协变量	物理协变量 pop 和 $prec$ 为协变量
华县站子流域	0.989	0.996
张家山站子流域	0.992	0.990
咸阳站子流域	0.995	0.993
Assunpink 流域	0.993	0.985

注　在显著性水平 $\alpha=0.05$ 时，Filliben 相关系数的临界值分别为 $FI_\alpha=0.978$，当 Filliben 相关系数大于临界值时，则认为模型通过相关性检验。

　　以时间为协变量的最优时变单一分布模型单从模型表现上来讲是可以接受的，但是其缺乏物理意义，并且假设基于历史观测数据得到的时变参数的趋势在未来时期仍将持续下去，这可能与实际情况不符。因此接下来我们考虑以具有一定物理意义的协变量，即 $prec$ 和/或 pop 进行年最大洪水序列的非一致性频率分析，考虑不同备选分布（5 种备选分布）和分布参数的变化情景（图 2.7 中变化情景 5～20），共构建 80 个备选时变单一分布模型。各备选时变单一分布模型的 AIC 值如图 2.8（b）所示。总体来说，几乎所有的使用物理协变量的时变单一分布模型的 AIC 值都要小于一致性模型，再次说明渭河华县站子流域的年最大洪水序列存在着显著的非一致性。AIC 值表明，在所有的子模型中，位置参数被模拟为 pop 和 $prec$ 的函数的 lognormal 分布是最优分布。此外，通过横向比较使用时间协变量的时变单一分布模型和使用物理协变量的时变单一分布模型，可以发现，不仅最优的使用物理协变量的时变单一分布模型的 AIC 值（1021.22）要远小于最优的使用时间协变量的时变单一分布模型（1051.84），近半数的采用物理协变量的时变单一分布模型的表现也要优于最优的采用时间协变量的时变单一分布模型，这说明选取具有物理意义的协变量作为解释变量，不仅可以增强统计模型的物理意义，也可以优化模型效果。

渭河华县站子流域年最大洪水序列以 *pop* 和 *prec* 为协变量的最优非一致性 lognormal 模型的分布参数可以表达为式（2.31）：

$$\left. \begin{aligned} \mu_t &= 7.7281 - 0.2203 pop_t + 0.3230 prec_t \\ \ln \sigma_t &= -0.9759 \end{aligned} \quad (t = 1951 \sim 2012) \right\} \quad (2.31)$$

接下来，需要对挑选出的最优非一致性 lognormal 模型的模型表现进行定性以及定量的评估。图 2.10 给出了使用物理协变量的最优时变单一分布模型的 Q-Q 图和 worm 图。Q-Q 图的结果显示，除去左端个别点据外，所有的点据都能沿着 1∶1 线分布 [图 2.10（a）]。worm 图结果显示，图中所有点据均分布在 95% 置信区间内 [图 2.10（b）]，且相较于使用时间协变量的最优模型的 worm 图 [图 2.9（b）] 更加扁平。Q-Q 图和 worm 图的结果定性地说明所构建非一致性 lognormal 模型具有较好的模型效果。随后，计算模型标准化正态理论残差和经验残差序列的 Filliben 相关系数，结果表明，Filliben 相关系数为 0.996（表 2.5），表明模型理论残差与经验残差相关性非常好，当模型准确地捕捉到极值序列中的非一致性成分后，残差序列很好地服从标准正态分布。总体来说，以 *pop* 和 *prec* 为协变量的最优时变单一分布模型具有很好的拟合效果，并且优于以时间为协变量的最优时变单一分布模型。

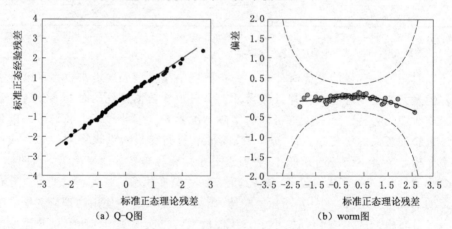

(a) Q-Q图 (b) worm图

图 2.10　渭河华县站子流域使用 *pop* 和 *prec* 为协变量的
最优时变单一分布模型的拟合优度诊断图
（worm 图的纵轴为标准正态理论残差和标准正态经验残差的差值）

最后，我们分别查看以时间为协变量的最优非一致性 gamma 模型和以 *pop* 和 *prec* 为协变量的最优非一致性 lognormal 模型的百分位数曲线图，并统计百分位数曲线图的概率覆盖率来进一步地评价所选最优时变单一分布模型的表现。

图 2.11 给出了最优时变单一分布模型的百分位数曲线图。总体来看，无论是以时间为协变量还是以物理因子作为协变量，所选最优时变单一分布模型均能够模拟出洪水极值序列的下降趋势，但是使用 *pop* 和 *prec* 协变量能够更好地捕捉洪水极值序列的跳动/剧烈波动，可以取得更好的拟合效果。表 2.6 给出了采用时间协变量和 *pop* 和 *prec* 协变量的最优模型的百分位数曲线实际概率覆盖率和理论覆盖率的比较结果。理想状况下，落在每条分位曲线下的实测洪水极值点据的比例应当等于该分位曲线的理论概率。以模型实际覆盖率和百分位数曲线理论覆盖率之间的偏差小于 5％ 作为判断准则，结果显示，采用时间协变量的最优模型对 25th 和 75th 百分位数曲线模拟不佳，模型实际覆盖率和理论覆盖率的偏差分别达到 8.9％和 5.6％；而对于以 *pop* 和 *prec* 为协变量的最优模型，模型实际覆盖率和理论覆盖率的偏差均在 5％ 以内。良好的概率覆盖率表明本节构建的以 *pop* 和 *prec* 为协变量的最优时变单一分布模型能够很好地模拟实测值的变化趋势。

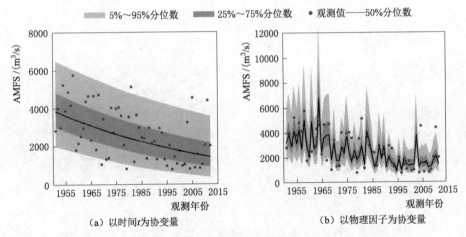

（a）以时间 *t* 为协变量　　　　　　（b）以物理因子为协变量

图 2.11　华县站子流域以时间 *t* 为协变量及物理因子为协变量的
最优时变单一分布模型分位数曲线图

表 2.6　　　　　　　　华县站子流域最优时变单一分布模型
实际概率覆盖率与理论覆盖率

百分位数曲线	时间 *t* 为协变量		物理协变量 *pop* 和 *prec* 为协变量	
	理论覆盖率/%	模型实际覆盖率/%	理论覆盖率/%	模型实际覆盖率/%
5th	5	3.2	5	4.8
25th	25	33.9	25	25.8
50th	50	45.2	50	50.0
75th	75	69.4	75	79
95th	95	95.2	95	93.5

2. 渭河张家山站子流域非一致性洪水频率分析

当以时间 t 为协变量时，基于 GAMLSS 构建的不同变化情景下的时变单一分布模型的 AIC 值如图 2.12（a）所示。结果表明，只有位置参数 μ 随时间变化，尺度参数 σ 不变的 lognormal 分布是最优时变单一分布模型。同时，对于所有的备选分布来说，仅位置参数 μ 随时间协变量变化（变化情景 2）以及位置参数 μ 和尺度参数 σ 均随时间变化（变化情景 4）的时变单一分布模型的 AIC 值都要小于位置参数和尺度参数均为固定的时不变单一分布模型（变化情景 1），说明张家山站子流域的年最大洪水序列确实存在非一致性。

张家山站子流域年最大洪水序列以时间 t 为协变量的最优非一致性 lognormal 模型的分布参数如下：

$$\left.\begin{array}{l} \mu_t = 7.0144 - 0.0129(t-1953) \\ \ln \sigma_t = -0.5176 \end{array} \quad (t=1954 \sim 2012) \right\} \qquad (2.32)$$

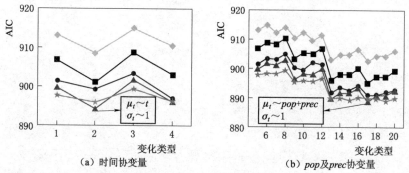

图 2.12 张家山站子流域使用时间协变量和 pop 及 prec 协变量的不同时变单一分布模型的 AIC 值
（黑框表示最优模型，x 轴上的数字对应的是图 2.7 中的 20 种变化情景）

使用时间协变量的最优时变单一分布模型的 Q-Q 图和 worm 图如图 2.13 所示。Q-Q 图的结果显示，除了上端个别点据外，绝大多数的点据分布在 1:1 线附近 ［图 2.13（a）］。worm 图中所有点据均位于 95% 置信区间内 ［图 2.13（b）］，并且趋势相对平缓。模型标准化正态理论残差和经验残差序列的 Filliben 相关系数为 0.992（表 2.5），模型通过检验，表明残差序列服从标准正态分布，所选模型较为合理。

对于张家山站子流域，当以 prec 和 pop 协变量进行非一致性洪水频率分析，所构建的 80 个备选时变单一分布模型的 AIC 值如图 2.12（b）所示。总体来说，几乎所有使用物理协变量的时变单一分布模型的 AIC 值都要小于时不变单一分布模型，再次说明张家山子流域的年最大洪水序列存在着显著的非一致性。AIC 值表明，在所有的备选模型中，位置参数为 pop 和 prec 的函数，而尺

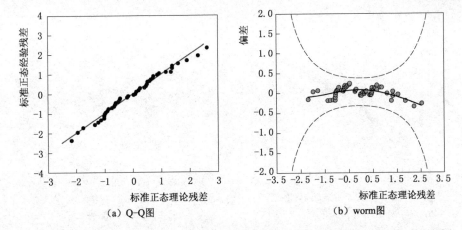

图 2.13　张家山站子流域使用时间协变量的最优时变单一分布模型的拟合优度诊断图
（worm 图纵轴为标准正态理论残差与经验残差差值）

度参数不变的 lognormal 分布是最优模型。此外，通过横向比较使用时间协变量和使用物理协变量的时变单一分布模型，可以发现，最优的使用物理协变量的时变单一分布模型的 AIC 值（888.83）要小于最优的使用时间协变量的时变单一分布模型（894.26），说明选取具有物理意义的协变量，不仅可以增强模型的物理意义，也可以优化模型效果。

　　张家山站子流域的年最大洪水序列以 *pop* 和 *prec* 为协变量的最优非一致性 lognormal 模型的分布参数可以表达为下式：

$$\left.\begin{array}{l} \mu_t = 6.6263 - 0.1309 pop_t + 0.2414 prec_t \\ \ln \sigma_t = -0.5806 \end{array}\right\} \quad (t = 1954 \sim 2012) \quad (2.33)$$

　　定性评价使用 *pop* 和 *prec* 协变量最优时变单一分布模型效果的 Q-Q 图和 worm 图见图 2.14，定量评价的 Filliben 相关系数见表 2.5。结果表明，从定性和定量两个角度来看，所选时变单一分布模型都表现较好且能通过检验。

　　同样的，我们绘制出以时间为协变量的最优非一致性 lognormal 模型和以 *pop* 和 *prec* 为协变量的最优非一致性 lognormal 模型的百分位数曲线图，并统计百分位数曲线图的概率覆盖率来进一步地评价所选最优时变单一分布模型的表现，见图 2.15。总体来看，无论采用哪种协变量，所选最优的时变单一分布模型均能够模拟出洪水极值序列的下降趋势，但是使用 *pop* 和 *prec* 协变量能够对洪水极值序列的跳动/剧烈波动取得更好的拟合效果。表 2.7 给出了采用时间协变量和 *pop* 和 *prec* 协变量的最优模型的百分位数曲线实际概率覆盖率和理论覆盖率的比较结果。结果显示，无论是采用时间协变量还是采用物理协变量的最优模型的实际覆盖率和理论覆盖率的偏差均在 5% 以内，说明模型较为合理，能够很好地模拟实测值的变化和趋势。

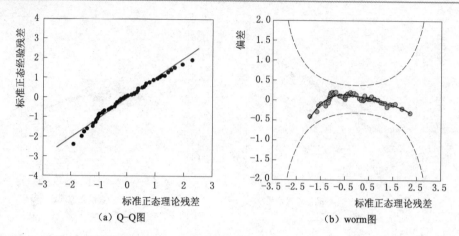

(a) Q-Q图　　　　　　　　　　(b) worm图

图 2.14　张家山站子流域使用 *pop* 和 *prec* 协变量的最优时变单一分布模型的拟合优度诊断图
（worm 图纵轴为标准正态理论残差与经验残差的差值）

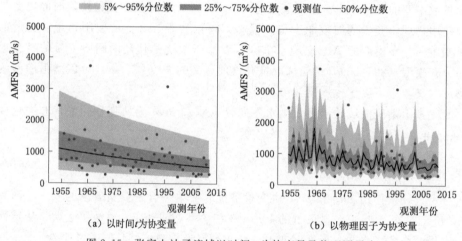

(a) 以时间*t*为协变量　　　　　　　(b) 以物理因子为协变量

图 2.15　张家山站子流域以时间 *t* 为协变量及物理因子为
协变量最优时变单一分布模型分位数曲线图

表 2.7　　　　　　　　张家山站子流域最优时变单一分布模型
实际概率覆盖率与理论覆盖率

百分位数曲线	时间 *t* 为协变量		物理协变量 *pop* 和 *prec* 为协变量	
	理论覆盖率/%	模型实际覆盖率/%	理论覆盖率/%	模型实际覆盖率/%
5th	5	5.1	5	1.7
25th	25	25.4	25	27.1
50th	50	47.5	50	54.2
75th	75	78.0	75	78.0
95th	95	94.9	95	93.2

3. 渭河咸阳站子流域非一致性洪水频率分析

使用时间协变量的各个备选分布的 AIC 值如图 2.16（a）所示。总体来说，采用时间协变量的时变单一分布模型的整体表现要优于时不变单一分布模型（变化情景 1），说明咸阳站子流域的年最大洪水序列确实存在着非一致性。对于咸阳站，根据 AIC 值可知，位置参数和尺度参数均随时间变化的 gamma 分布是采用时间协变量的最优模型。

咸阳站子流域年最大洪水序列以时间 t 为协变量的最优非一致性 gamma 分布模型的分布参数如下：

$$\left.\begin{array}{l} \ln \mu_t = 7.9847 - 0.0211(t-1953) \\ \ln \sigma_t = -0.9639 + 0.0135(t-1953) \end{array}\right\} \quad (t=1954\sim 2010) \qquad (2.34)$$

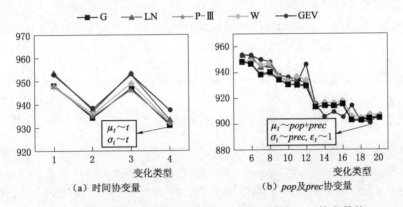

图 2.16　咸阳站子流域使用时间协变量和 *pop* 及 *prec* 协变量的
不同时变单一分布模型的 AIC 值

（黑框表示最优模型，x 轴上的数字对应的是图 2.7 中的 20 种变化情景）

图 2.17 给出了咸阳站子流域采用时间协变量的最优时变单一分布模型的 Q - Q 图及 worm 图，其相应的 Filliben 相关系数见表 2.5。结果表明，所选最优模型具有较好的拟合优度。

当采用 *prec* 和 *pop* 协变量进行年最大洪水序列的非一致性频率分析时，咸阳站子流域构建的 80 个备选时变单一分布模型的 AIC 值如图 2.16（b）所示。所有的使用物理协变量的时变单一分布模型的 AIC 值都要小于时不变单一分布模型，再次说明咸阳站子流域的年最大洪水序列存在着显著的非一致性。AIC 值表明，在所有备选模型中，位置参数随 *pop* 和 *prec* 变化，尺度参数随 *prec* 变化的 GEV 分布是采用物理协变量的最优模型。此外，最优的采用物理协变量的时变单一分布模型的 AIC 值（900.79）要远小于最优的采用时间协变量的时变单一分布模型（931.03），再次强调了使用具有物理意义协变量可以增强模型的物理意义，提升模型效果。

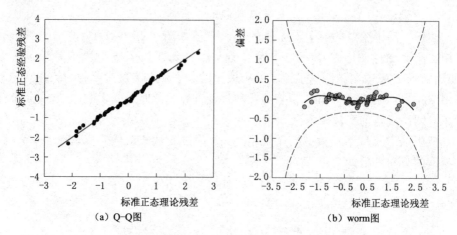

图2.17　咸阳站子流域使用时间协变量的最优时变单一分布模型的拟合优度诊断图
（worm图纵轴为标准正态理论残差与经验残差的差值）

咸阳站子流域以 *pop* 和 *prec* 为协变量的最优非一致性 GEV 模型的分布参数可以表达为式（2.35）：

$$\left.\begin{array}{l}\mu_t=1391.742-256.6946pop_t+554.6229prec_t\\ \ln\sigma_t=6.2389+0.4540prec_t\\ \varepsilon_t=-0.0370\end{array}\right\}\ (t=1954\sim2010)\quad(2.35)$$

图2.18给出了咸阳站子流域采用 *pop* 和 *prec* 协变量的最优非一致性 GEV 模型的 Q-Q 图及 worm 图，表2.5给出其 Filliben 相关系数。定性和定量的拟合优度检验结果表明，所选最优模型能够较好地模拟研究区年最大洪水序列。

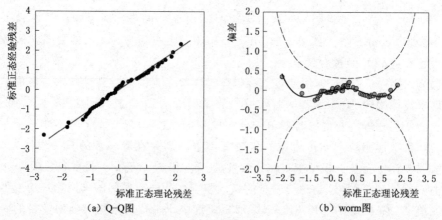

图2.18　咸阳站子流域使用 *pop* 和 *prec* 协变量的最优时变单一分布模型的拟合优度诊断图
（worm图纵轴为标准正态理论残差与经验残差的差值）

图 2.19 给出了以时间为协变量和以 *pop* 和 *prec* 为协变量的最优非一致性 GEV 模型的百分位数曲线图。总体来看，无论采用何种协变量，最优的时变单一分布模型均能够模拟出洪水序列的下降趋势，特别是采用物理协变量的最优模型能够更好地捕捉洪水序列的跳动/剧烈波动。表 2.8 给出了使用时间协变量和物理协变量的最优模型的百分位数曲线的实际概率覆盖率和理论覆盖率的比较结果。结果显示，两种协变量情景下最优模型的实际覆盖率和理论覆盖率的偏差均在 5% 以内，并且以 *pop* 和 *prec* 为协变量的最优模型对 5th、50th 和 95th 百分位数曲线的模拟效果最好，偏差均在 1% 以内。

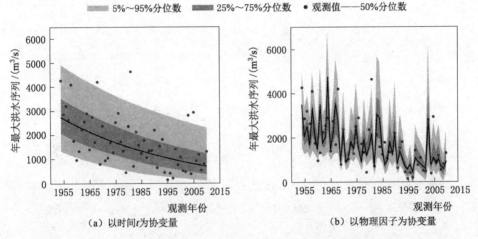

图 2.19　咸阳站子流域以时间 t 为协变量及物理因子为协变量的
最优时变单一分布模型分位数曲线图

表 2.8　　　　　　咸阳站子流域最优时变单一分布模型
实际概率覆盖率与理论覆盖率

百分位数曲线	时间 t 为协变量		物理协变量 *pop* 和 *prec* 为协变量	
	理论覆盖率/%	模型实际覆盖率/%	理论覆盖率/%	模型实际覆盖率/%
5th	5	7.0	5	5.3
25th	25	28.1	25	22.8
50th	50	45.6	50	56.1
75th	75	77.2	75	71.9
95th	95	93.0	95	94.7

4. Assunpink 流域非一致性洪水频率分析

当以时间 t 为协变量时，Assunpink 流域不同变化情景下的时变单一分布模型的 AIC 值如图 2.20 （a） 所示。尽管相较于仅位置参数时变的 GEV 分布（593.71），仅位置参数为时变的 lognormal 分布有着稍小的 AIC 值（592.29），但是考虑到 GEV 分布有着更好的拟合优度，只有位置参数为时变的 GEV 分布仍然被选作最优模型。同时，通过比较所有的备选模型，可以发现，无论选用何种备选分布，仅位置参数 μ 为时变的模型效果都要优于时不变单一分布模型，说明 Assunpink 流域的年最大洪水序列确实存在着非一致性。

Assunpink 流域年最大洪水序列以时间 t 为协变量的最优非一致性 GEV 模型的分布参数如下：

$$
\left.
\begin{aligned}
\mu_t &= 38.1371 + 0.2701(t - 1947) \\
\ln \sigma_t &= 15.6559 \qquad (t = 1948 \sim 2013) \\
\varepsilon_t &= 0.1905
\end{aligned}
\right\}
\qquad (2.36)
$$

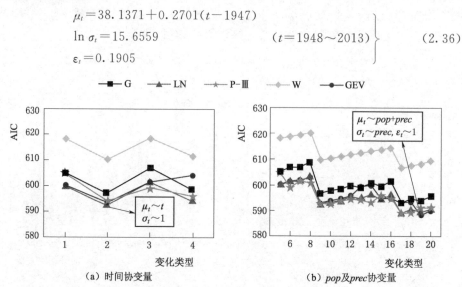

图 2.20　Assunpink 流域使用时间协变量和 *pop* 及 *prec* 协变量的
不同时变单一分布模型的 AIC 值

（黑框表示最优模型，x 轴上的数字对应的是图 2.7 中的 20 种变化情景）

对采用时间协变量的最优时变单一分布模型效果进行定性评价的 Q - Q 图以及 worm 图见图 2.21，定量评价的 Filliben 相关系数见表 2.5。结果表明，所选最优模型均能通过拟合优度检验且表现较好。

对于 Assunpink 流域，当以 *prec* 和 *pop* 协变量进行年最大洪水序列的非一致性频率分析时，所构建的 80 个备选时变单一分布模型的 AIC 值如图 2.20 (b) 所示。总体来说，几乎所有的使用物理协变量的时变单一分布模型的 AIC 值都要小于时不变单一分布模型，再次说明 Assunpink 流域的年最大洪水序列存在着显著的非一致性。AIC 值表明，在所有的子模型中，位置参数被模拟为 *pop* 和 *prec* 的函数，同时尺度参数被模拟为 *prec* 函数的 GEV 分布是最优分布。此外，通过横向比较使用时间协变量和使用物理协变量的时变单一分布模型，可以发现，最优的采用物理协变量的时变单一分布模型的 AIC 值（588.72）要小于最优的使用时间协变量的时变单一分布模型（593.71），说明选取具有物理

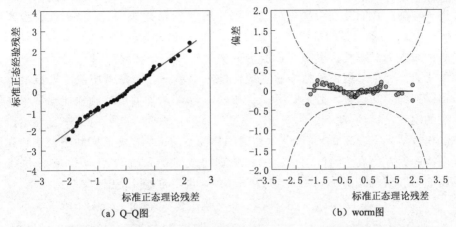

图 2.21　Assunpink 流域使用时间协变量的最优时变单一分布模型的拟合优度诊断图
（worm 图纵轴为标准正态理论残差与经验残差的差值）

意义的协变量既可以增强模型的物理意义，又可以提升模型模拟效果。

Assunpink 流域年最大洪水序列以 *pop* 和 *prec* 为协变量的最优非一致性 GEV 模型的分布参数可以表达为式（2.37）：

$$\left.\begin{aligned}
\mu_t &= 48.5824 + 4.3609 pop_t + 4.6781 prec_t \\
\ln \sigma_t &= 2.6952 + 0.3187 prec_t \qquad (t=1948\sim2013) \\
\varepsilon_t &= 0.1527
\end{aligned}\right\} \qquad (2.37)$$

针对采用 *pop* 和 *prec* 协变量的最优时变单一分布模型，图 2.22 给出了定性评价模型效果的 Q－Q 图和 worm 图，定量评价模型效果的 Filliben 相关系数见表 2.5。定性和定量的拟合优度检验结果表明，所选时变单一分布模型表现较好且能通过检验。

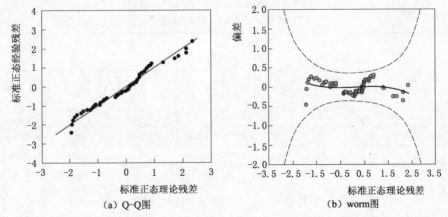

图 2.22　Assunpink 流域使用 *pop* 和 *prec* 协变量的最优时变单一分布模型的拟合优度诊断图
（worm 图纵轴为标准正态理论残差与经验残差的差值）

同样的，我们分别绘制出以时间为协变量的最优非一致性 GEV 模型和以 *pop* 和 *prec* 为协变量的最优非一致性 GEV 模型的百分位数曲线图，并统计百分位数曲线图的概率覆盖率来评价所选最优时变单一分布模型的表现（图 2.23）。总体来看，无论采用何种协变量，最优的时变单一分布模型均能够模拟出洪水极值序列的上升趋势，但是使用 *pop* 和 *prec* 协变量能够更准确地捕捉洪水极值序列的跳动/剧烈波动。由两类最优模型的百分位数曲线实际覆盖率与理论覆盖率的比较结果（表 2.9）可知，采用时间协变量的最优模型的实际覆盖率和理论覆盖率的偏差均在 5% 以内，而采用物理协变量的最优模型 50th 百分位线和 75th 百分位线的偏差分别为 9.1% 和 5.3%，也在可接受范围内。

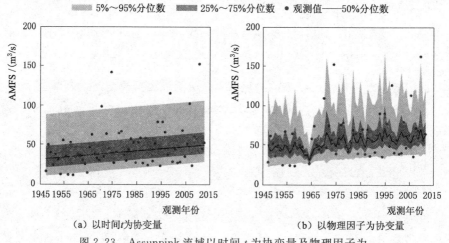

（a）以时间 *t* 为协变量　　　　　　　（b）以物理因子为协变量

图 2.23　Assunpink 流域以时间 *t* 为协变量及物理因子为
协变量最优时变单一分布模型分位数曲线图

表 2.9　　　　　　　　　　**Assunpink 流域最优时变单一分布模型**
实际概率覆盖率与理论覆盖率

百分位数曲线	时间 *t* 为协变量		物理协变量 *pop* 和 *prec* 为协变量	
	理论覆盖率/%	模型实际覆盖率/%	理论覆盖率/%	模型实际覆盖率/%
5th	5	6.1	5	7.6
25th	25	25.8	25	28.8
50th	50	45.5	50	40.9
75th	75	72.7	75	80.3
95th	95	93.9	95	92.4

2.5 本 章 小 结

本章采用基于时变矩法构建的时变单一分布模型对渭河华县站子流域、张家山站子流域、咸阳站子流域以及美国新泽西州的 Assunpink 流域 4 个代表性流域的年最大洪水序列进行非一致性洪水频率分析。首先采用 4 种趋势检验方法和 Pettit 变点检验法对所选 4 个流域的年最大洪水序列进行初步的非一致性诊断。结果表明，华县站子流域（1951—2012）、张家山站子流域（1954—2012）以及咸阳站子流域（1954—2010）的年最大洪水序列均表现出显著的下降趋势/向下跳跃突变；Assunpink 城市小流域的实测年最大洪水序列（1948—2013）则表现出显著的上升趋势/向上跳跃突变。总体来说，4 个研究流域存在下降或者上升的趋势/跳跃变异，且包括地形复杂的大流域以及高度城市化的小流域这样不同的下垫面状况，能够较好地说明本章研究方法的通用性。

　　本章随后基于 GAMLSS 软件平台，采用时变单一分布模型对 4 个代表性流域的年最大洪水序列进行进一步的非一致性频率分析，分别采用时间协变量 t 和具有一定物理意义的社会经济协变量—人口（pop）和水文气象协变量年降水总量（$prec$）描述时变单一分布模型参数的变化特征。结果表明，无论采用何种协变量，相较于传统的时不变单一分布模型，绝大多数时变单一分布模型拥有更好的拟合优度。这印证了初步非一致性诊断的结果。此外，相较于采用缺乏物理意义的时间协变量，采用社会经济协变量—人口（pop）和水文气象协变量年降水总量（$prec$）的最优模型拥有更强的解释能力，能够更好地描述洪水序列的非一致性，充分说明在非一致性洪水频率分析中使用具有物理意义的协变量的必要性和优越性。此外，我们发现在所有的最优模型中，两参数的 lognormal 分布和 gamma 分布表现突出，大多数情况下能够很好地拟合非一致性年最大洪水序列。

3 洪水类型划分

变化环境下，研究人员发现，在区域气象条件（雷暴、台风、热带气旋、对流雨和融雪等）、流域土地利用类型和流域特征多样化（渠道特征和土壤含水量等）等因素的共同作用下，洪水样本的成洪条件存在差异，洪水事件可能来自不同洪水类型（洪水形成机制）。Villarini 等（2010）发现美国东部的洪水事件主要来源于由登陆热带气旋和温带系统导致的不同洪水总体。Barth 等（2017）基于 1375 个水文站点，发现美国西部的年洪峰流量序列由不同的洪水形成机制产生，特别地，他们研究了气象河流（atmospheric river）对洪峰流量的贡献。Collins 等（2014）发现来自五大湖区和沿海的暴雨导致的洪水是新英格兰和加拿大大西洋省的主要洪水形成机制。Szolgay 等（2016）分析了澳大利亚西北部 72 个流域的洪水序列并将它们划分为 3 种不同的洪水形成机制：降雨导致的洪水，暴涨洪水/山洪（flash floods）以及融雪导致的洪水。Vormoor 等（2015，2016）发现挪威大部分的地区存在两种洪水形成机制，即降雨导致的洪水和融雪导致的洪水，此外，降雨导致的洪水控制着挪威西部和沿海地区，而融雪导致的洪水控制着挪威的内陆地区和最北部地区。Yan 等（2019b）基于洪水时间尺度指标对挪威地区的洪水类型进行划分，划分结果与前人研究基本保持一致，表明洪水时间尺度可以很好地表征挪威地区的洪水形成机制。

研究人员提出采用混合分布模型模拟具有不同洪水类型的洪水样本序列。然而，传统的时不变混合分布模型通常直接对洪水全序列进行模拟，并没有考虑依据洪水类型差异对序列进行划分，因而缺乏物理机制。因此，为了合理地划分子序列，增强混合分布模型的物理机制，本章介绍基于洪水时间尺度的洪水类型划分方法。

3.1 基于季节性分析的洪水类型识别

需要指出的是，为了增强对混合洪水总体的物理机制的理解，在进行洪水类型划分之前，应首先确认不同洪水形成机制的存在（Alila 等，2002；Villarini 等，2010；Yan 等，2017b；Yan 等，2019b）。由于形成洪水极值序列的气象条件和流域下垫面条件均表现出季节变异性，因此有些洪水形成机制仅在一些特定的季节发生。所以，对洪水极值序列进行季节性分析已经被广泛地用来表征不同洪水形成机制的存在（Berghuijs 等，2016；Fischer 等，2016；Rossi 等，1984；Slater 等，2017；Yan 等，2017b）。因此，本章采用季节性作为不同洪水形成机制的替代品来检验混合洪水总体的存在。采用圆形统计法（circular statistics）/方向数据统计法（directional statistics）进行季节性分析（Burn，1997；Chen 等，2013；Dhakal 等，2015；Villarini，2016；Zhang 等，2017；方彬等，2007）。圆形统计法的流程图如图 3.1 所示。

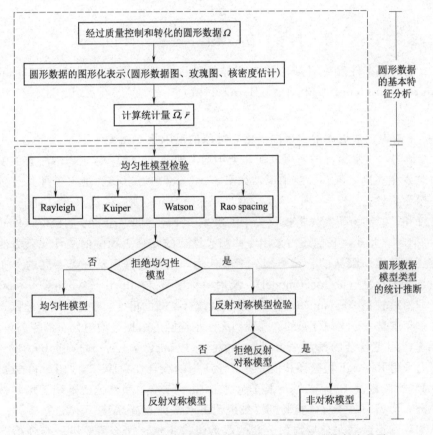

图 3.1　圆形数据探索性分析及圆形数据模型类型统计推断流程图

在圆形统计法中，第 t 年的年最大洪水事件 z_t（$t=1$，$\cdots$，n）的发生时间，记作 D_{z_t}，可以基于式（3.1）转化为单位圆上的极坐标 Ω_{z_t}：

$$\Omega_{z_t} = D_{z_t} \frac{2\pi}{L} \quad (0 \leqslant \Omega_{z_t} \leqslant 2\pi) \tag{3.1}$$

式中：L 为一年中所包含的天数（普通的年份 $L=365$，闰年 $L=366$）；Ω_{z_t} 为转化为角度的洪水事件 z_t 的发生时间（用弧度表示）。

需要指出的是 0 弧度表示的是 1 月 1 日，2π 弧度表示的是 12 月 31 日。对于包含 n 个洪水事件的年最大洪水序列，可以通过将 Ω_{z_t} 绘制在单位圆上来更为直观地表征洪水的季节性。n 个洪水事件的平均发生日期，记作 $\overline{\Omega}$，可以通过式（3.2）得到：

$$\overline{a} = \frac{1}{n} \sum_{t=1}^{n} \cos \Omega_{z_t} \tag{3.2}$$

$$\overline{b} = \frac{1}{n} \sum_{t=1}^{n} \sin \Omega_{z_t} \tag{3.3}$$

$$\overline{\Omega} = \arctan \frac{\overline{b}}{\overline{a}} \tag{3.4}$$

n 个洪水事件发生日期的季节变异性可以由样本平均合成长度 $\overline{r}$（sample mean resultant length）来刻画（Burn，1997）：

$$\overline{r} = \sqrt{\overline{a}^2 + \overline{b}^2} \quad (0 \leqslant \overline{r} \leqslant 1) \tag{3.5}$$

式中：$\overline{r}$ 为表征数据离散程度的指标，其取值范围从 0 到 1。

0 值表示洪水事件的发生日期在全年均匀地分布，而 1 值则表示所有的洪水事件均发生在同一天。一般来说，如果 $\overline{r} \geqslant 0.6$，则可以认为洪水事件具有较强的季节聚集性。

$\overline{\Omega}$ 和 $\overline{r}$ 能够为研究人员提供关于洪水季节变异性的一个初步的概览（Dhakal 等，2015）。此外，我们还需采用一些精心设计的并且更稳健的统计检验方法来研究圆形数据所服从的分布类型。一般认为，圆形数据服从三类不同的分布模型，即均匀模型（uniform model）、反射对称模型（reflective symmetric model）以及非对称模型（asymmetric model）。从统计推断的角度，首先应当检验圆形数据在一年中是否是均匀分布的。当我们无法拒绝圆形数据是均匀分布的零假设时，便无需应用更复杂的模型来拟合圆形数据（Pewsey 等，2013；Villarini，2016）。本研究采用 Rayleigh 检验和其他一些广泛应用的综合性检验（比如 Kuiper 检验、Watson 检验以及 Rao spacing 检验）来检验单峰模型和其他的不同于均匀性模型的分布类型。关于这些检验的详细说明可以参见 Mardia 等（2000）。

如果圆形数据在全年均匀分布的零假设被拒绝，那么需要进一步地检验更复杂的模型（反射对称模型和非对称模型）。根据样本量 n 的不同，有两种检验反射对称模型的方法。如果样本量 $n > 50$，那么采用基于渐进理论的检验方法，否则采用基于 bootstrap 理论的检验方法（Pewsey 等，2013）。

如果反射对称的零假设仍然被拒绝，那么我们认为圆形数据服从非对称模型，也包括多峰模型（即，单峰对称模型和非对称模型的有限混合）（Villarini，2016）。因此，当检测到圆形数据服从非对称模型时，可以认为洪水序列由不同的洪水形成机制产生或者来自于混合洪水总体。

3.2　基于洪水时间尺度的洪水类型划分

在检验到年最大洪水序列存在不同的洪水形成机制后，下一个关键的问题便是如何划分不同的洪水形成机制。Alila 等（2002）强调，由于混合分布模型具有众多的模型参数，因此为了确保模型参数估计的准确性，在实际应用中应当注意详细分析流域内的洪水形成机制，并依据不同的洪水形成机制合理地将洪水极值序列划分为若干子序列。实际上，当前国际上已经存在一些洪水类型（洪源）划分方法（Alipour 等，2016；Antonetti 等，2016；Berghuijs 等，2016；Brunner 等，2017；Fischer 等，2016；Gaál 等，2012；Sikorska 等，2015）。其中，Gaál 等（2012）提出了一个名为洪水时间尺度（flood timescale）的度量来提高对气象条件和流域下垫面情况交互作用的认识，在该方法中洪水时间尺度被定义为洪量和洪峰的比值，其本质为一个时间参数。洪水时间尺度指标通过一个时间参数整合了一系列的气象和流域特征信息，因此，这个基于事件的指标和流域的洪水形成机制密切相关（Gaál 等，2012）。Fischer 等（2016）基于洪水时间尺度，提出了一种划分洪水形成机制的方法，并以德国东南部 Mulde 河流域的 19 个站点作为研究实例，划分了夏季短历时（short-duration）和长历时（long-duration）洪水事件。基于洪水时间尺度的洪水形成机制划分方法具有物理意义明确、实现简单、不需要额外的气象数据等优点，为我们合理划分洪水形成机制提供了切实可行的技术工具。

3.2.1　以洪水时间尺度作为不同洪水形成机制的指标

对于年最大洪水序列中存在多种洪水形成机制的流域，Merz 等（2003）建议采用能反映洪水过程的指标来表征不同的洪水形成机制，比如洪水事件的发生时间、融雪量、降雨持续时间、降雨量、流域特征。这些洪水过程指标的计算依赖于流域气象数据和下垫面数据，然而在实际的应用中，许多研究并不能获取这样完备的数据，特别是融雪数据和前期土壤含水量数据。在 Bell 等（1969）研究的基础上，Gaál 等（2012）提出了一种基于事件的洪水类型划分指标作为洪水历时的表征，称作洪水时间尺度（flood timescale），记作 FT（单位是 h）。FT 被定义为一次洪水事件的洪量（记作 V，单位 mm）和洪峰（记作 Q_p，单位 mm/h）的比值，见式（3.6）：

$$FT = \frac{V}{Q_p} \tag{3.6}$$

基于比较水文学的概念，Gaál 等（2012）在区域尺度应用洪水时间尺度来研究气象条件和流域下垫面状况的相互作用，并认为洪水时间尺度同时受到气象条件和流域洪水过程的控制。此外，Gaál 等（2015）探讨了影响洪峰-洪量关系的因素，并认为如果洪峰和洪量之间存在弱相关性，则这强烈表明不同洪水形成机制的存在。如图 3.2 所示，当尖瘦型的洪水过程线和矮胖型的洪水过程线相互混合在一起时，洪峰-洪量关系并不唯一，并且洪峰-洪量回归曲线的斜率代表着不同 FT 值。对于尖瘦型的洪水过程线，可以得到相对较小的 FT 值（更平缓的斜率），而对于矮胖型的洪水过程线，则可以得到相对较大的 FT 值（更陡的斜率）。Fischer 等（2016）通过估算洪峰和洪量的线性回归模型，首次应用洪水时间尺度来划分洪水形成机制。总体来说，洪水时间尺度拥有足够的解释能力划分来自不同洪水类型的洪水事件，为随后的洪水类型划分奠定了理论基础。

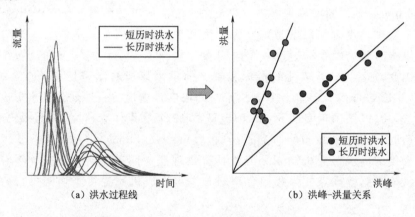

（a）洪水过程线　　　　　　　（b）洪峰-洪量关系

图 3.2　两类典型的洪水过程线示意图和相应的洪峰-洪量关系图

3.2.2　基于降解后日径流的洪水时间尺度的计算

根据式（3.6）给出的洪水时间尺度的数学定义，对于某一洪水事件，为了计算这一洪水事件对应的洪水时间尺度，我们需要确定该洪水事件的洪峰和洪量。本研究中，我们拥有两类流量数据，即年洪峰流量和日平均流量值。因此在实际应用中，洪水时间尺度的计算取决于洪水事件洪量的计算。为了计算洪水事件对应的洪量，我们需要确定洪水事件的起始和结束时间（图 3.3）。然而，如果仅有日平均流量数据，这将非常的困难。当前存在一些能够实现对径流量从日尺度到小时尺度模拟的随机降解方法（Koutsoyiannis，2003），但是本章中的情况更简单。我们仅仅关注单一洪水事件的降解，并不是长序列的降解也不涉及干湿天的模拟。因此，本章采用 Wagner（2012）提出的半经验方法将洪峰附近的日流量降解为小时流量。

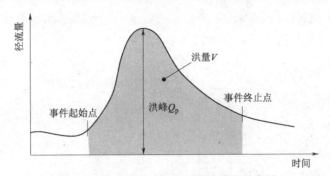

图 3.3　典型洪水过程线及洪峰洪量示意图

　　该方法中，将当前日时间步长 t_i 时刻内的小时时间步长记作 t_{h_i}，则 t_{h_i} 时刻的小时流量 $Q(t_{h_i})$ 可以用一个三阶多项式表示：

$$Q(t_{h_i}) = a_{3_i} t_{h_i}^3 + a_{2_i} t_{h_i}^2 + a_{1_i} t_{h_i} + a_{0_i} \tag{3.7}$$

式中：$a_{j_i}(j=0,\cdots,3)$ 为 t_i 时刻三阶多项式的 4 个参数。

　　为了估计这 4 个参数，在每个时间步长上均需要满足以下 4 个条件：初始时刻 t_{i-1} 的水量平衡、当前时刻 t_i 的水量平衡以及随后两个时刻 t_{i+1} 和 t_{i+2} 的水量平衡（图 3.4）。初始流量 Q_0 可以表示为

$$Q_0 = a_{3_i} t_{i-1}^3 + a_{2_i} t_{i-1}^2 + a_{1_i} t_{i-1} + a_{0_i} \tag{3.8}$$

　　对于当前时刻 t_i，日总径流量可以表示为式（3.7）的定积分，即

$$
\begin{aligned}
Q(t_i)\Delta t &= \int_{t_{i-1/2}}^{t_{i+1/2}} Q(t_{h_i}) \mathrm{d}t \\
&= a_{3_i} \frac{t_{i+1/2}^4 - t_{i-1/2}^4}{4} + a_{2_i} \frac{t_{i+1/2}^3 - t_{i-1/2}^3}{3} + a_{1_i} \frac{t_{i+1/2}^2 - t_{i-1/2}^2}{2} + a_{0_i}(t_{i+1/2} - t_{i-1/2})
\end{aligned}
$$

$$\tag{3.9}$$

式中：$t_{i-1/2}$ 和 $t_{i+1/2}$ 分别表示当前时刻 t_i 的起始和终止时刻。

　　Δt 表示当前时刻 t_i 的时间长度。类似地，我们可以得到另外两个时间步长 t_{i+1} 和 t_{i+2} 日总径流量的表达式。上述 4 种条件可以用一个通式为 $K \cdot \vec{a} = \vec{c}$ 的线性方程组刻画，如式（3.10）：

$$
\begin{pmatrix}
t_{i-1}^3 & t_{i-1}^2 & t_{i-1} & 1 \\
\dfrac{t_{i+1/2}^4 - t_{i-1/2}^4}{4} & \dfrac{t_{i+1/2}^3 - t_{i-1/2}^3}{4} & \dfrac{t_{i+1/2}^2 - t_{i-1/2}^2}{4} & t_{i+1/2} - t_{i-1/2} \\
\dfrac{t_{i+3/2}^4 - t_{i+1/2}^4}{4} & \dfrac{t_{i+3/2}^3 - t_{i+1/2}^3}{4} & \dfrac{t_{i+3/2}^2 - t_{i+1/2}^2}{4} & t_{i+3/2} - t_{i+1/2} \\
\dfrac{t_{i+5/2}^4 - t_{i+3/2}^4}{4} & \dfrac{t_{i+5/2}^3 - t_{i+3/2}^3}{4} & \dfrac{t_{i+5/2}^2 - t_{i+3/2}^2}{4} & t_{i+5/2} - t_{i+3/2}
\end{pmatrix}
\begin{pmatrix}
a_{3_i} \\ a_{2_i} \\ a_{1_i} \\ a_{0_i}
\end{pmatrix}
=
\begin{pmatrix}
Q_0 \\ Q(t_i)\Delta t \\ Q(t_{i+1})\Delta t \\ Q(t_{i+2})\Delta t
\end{pmatrix}
$$

$$\tag{3.10}$$

对每一个原始的时间步长，我们都可以建立上述线性方程组，并通过 $\vec{a} = K^{-1} \cdot \vec{c}$ 进行求解，得到三阶多项式的参数。

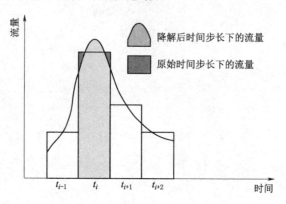

图 3.4 原始时间步长和降解后时间步长对应水量示意图

在得到小时洪水过程线之后，为了计算洪水事件的洪量，下一步便需要确定洪水事件的起止时间。本章采用 R 语言扩展包 seriesdist 中提供的工具来确定洪水事件的起止时间。该工具包可以检测到序列的洪峰流量，并且能够通过提前给定一个阈值来确定洪水事件的起止时间及它所对应的洪水历时（Vormoor 等，2015、2016）。目前存在着其他确定洪水起止时间的计算方法，比如一些划分直接径流的方法（Longobardi 等，2016）。然而需要指出的是，这些自动检测洪水事件起止时间的方法（包括 seriesdist 工具包）包含着固有的主观性，通常需要对结果进行手动检测。此外，为了考虑土壤含水量在洪水形成过程中的作用，和 Fischer 等（2016）的做法一样，本章在计算洪水事件对应的洪量时，将基流成分也考虑在内。此外，理论上，单洪峰的洪水事件可以较方便地计算 FT 值。而在实际应用中，针对峰现时间间隔较短的洪水事件，大洪峰是在之前小洪峰基础上形成的，往往难以将二者明确区分。针对这种情况，本章通常认为其属于同一场洪水事件。

3.2.3 不同洪水形成机制的划分

就像 3.2.1 节中指出的那样，洪水时间尺度拥有足够的解释能力来表征一种特定类型的洪水形成机制。比如，相较于暴雨导致的短历时洪水事件（尖瘦型洪水过程线），融雪导致的长历时洪水事件（矮胖型洪水过程线）往往拥有更大的时间尺度（FT）。Fischer 等（2016）提出了一种划分洪水事件的统计方法。在该方法中，基于过原点线性回归（regressions through the origin，RTO）的确定性系数来确定洪水时间尺度的阈值 FT_0，并依据得到的阈值 FT_0 将洪水极值序列划分为不同组分。对于样本量为 n 的年最大洪水序列，我们可以依据式

（3.6）计算得到 n 个洪水时间尺度值，记作 $FT_i(i=1，\cdots，n)$。如果 $FT_i\leqslant FT_0$，那么将对应的洪水事件分配到短历时洪水一组（暴雨导致洪水），否则将其分配到长历时洪水一组（融雪导致的洪水）。为了估计阈值 FT_0，首先将 FT_i 按照升序排列，即 $FT_{(1)}\leqslant\cdots\leqslant FT_{(n)}$，并将对应于第 i 个统计量的洪峰和洪量分别记作 $x\mid_{FT(i)}$ 和 $y\mid_{FT(i)}$。由于洪峰为 0 意味着洪量也为 0，所以无论是暴雨导致的洪水还是融雪导致的洪水，其洪峰-洪量关系线均是过原点的直线。过原点线性回归的确定性系数 R^2 的数学表达式如下（Eisenhauer，2003）：

$$R^2=1-\frac{\sum\limits_{i=1}(y_i-\hat{y}_i)^2}{\sum\limits_{i=1}(y_i)^2} \tag{3.11}$$

式中：y_i 和 $\hat{y}_i$ 分别为过原点线性回归的第 i 个实测值和模拟值。

FT_0 的计算公式如下：

$$FT_0=\mathrm{argmax}(R^2(1,v)+R^2(v+1,n)；[n\phi]\leqslant v\leqslant n-[n\phi]+1) \tag{3.12}$$

其中，$R^2(1，v)$ 表示的是前 v 个次序统计量，即 $(x\mid_{FT(1)}，y\mid_{FT(1)})$，$\cdots$，$(x\mid_{FT(v)}，y\mid_{FT(v)})$ 序列的确定性系数，而 $R^2(v+1，n)$ 表示的是 $(x\mid_{FT(v+1)}，y\mid_{FT(v+1)})$，$\cdots$，$(x\mid_{FT(n)}，y\mid_{FT(n)})$ 序列的确定性系数。$\phi\in[0,1]$ 是控制每个组分最小样本量的参数。如果样本量太小，会导致过原点线性回归的结果失真，并进一步导致随后的统计推断过程得到的结果不可靠。因此，在本研究中，ϕ 被设置为 0.25，意味着划分后的子序列至少要包含全序列 25％的样本量。需要指出的是，尽管通过给定更多的阈值，上述洪水类型划分方法可以很方便地扩展到划分洪水序列中存在 3 种或者更多的洪水机制的情况，但是这样将不可避免地减少每个子序列的样本量，并导致最终推求的设计洪水值包含过高的不确定性。

3.3　应　用　研　究

本节将上述理论方法应用于挪威 34 个水文站的年最大洪水流量序列进行实例验证。

3.3.1　研究区和数据

挪威位于欧洲北部斯堪的纳维亚半岛，国土面积约为 385，251km²，地理坐标位于 57°～81°N，4°～32°E 之间（图 3.5）。由于挪威特殊的地理特性（纬度跨度大以及地形复杂多变），挪威的气象条件表现出很强的空间变异性。年平均气温（$\bar{t}_{emp}$）从挪威南部和西南沿海的超过 6℃变化到中部高海拔地区及北部地区的低于−3℃（Hanssen－Bauer 等，2009；Vormoor 等，2016）。年平均降雨量（$\overline{P}_{rec}$）从挪威东北部和中东部的大约 300mm 变化到挪威西部的超过 3500mm。针对挪威降雨的季节性变化，有研究指出在挪威西部，受到北大西洋震荡的影响，年最大降雨量通常发生在秋季和冬季（Uvo，2003）；而在挪威东部的内陆地区，情况则不同。东部内陆地区通常经历干冷的冬季，年最大降雨量集中在夏季（Vormoor 等，2016）。

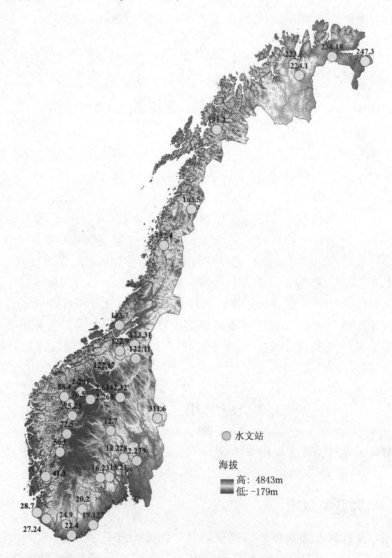

图 3.5 挪威地形图及 34 个水文站位置示意图，左上角为挪威在北欧的位置示意图

对于挪威的大部分流域，融雪和降雨都对径流有贡献。然而，由于气温的

空间变异性，融雪量和雪季在整个挪威大陆变化剧烈。导致融雪量在洪水形成过程中扮演着具有不同重要性的角色。总体来说，基于融雪和降雨在洪水形成过程中的相对贡献的不同，挪威大陆存在着 3 种主要的洪水形成机制：①在秋季/冬季支配挪威西部和沿海地区的降雨导致洪水（rainfall‐induced floods）；②在春季/初夏支配挪威内陆地区和最北部地区的融雪导致洪水（snowmelt‐induced floods）；③在秋季/冬季和春季/夏季均有发生的由融雪和降雨共同导致的洪水（Romanowicz 等，2016；Vormoor 等，2015；Vormoor 等，2016）。

　　本章选择覆盖全挪威的 34 个流域作为研究区域。各流域的主要特征，包括：流域面积、平均年径流量 $\overline{Q}$、平均年降雨量 $\overline{P}_{rec}$、平均气温 $\bar{t}_{emp}$，总结在表 3.1 中。本研究中，我们需要两类的流量数据，即年洪峰流量和日平均流量，均由挪威水资源与能源理事会的水文观测网络获得。

表 3.1　　　　　　　　　研究流域及水文控制站点基本信息

站点编号	站点名称	面积/km²	经度	纬度	资料年限	$\overline{Q}$/(mm/年)	$\overline{P}_{rec}$/(mm/年)	$\bar{t}_{emp}$/℃
2.268	Akslen	789.3	8°26′E	61°48′N	1934—2015	992.7	1195.6	−3.18
2.279	Kråkfoss	435.2	11°4′E	60°7′N	1966—2015	613.0	1030.7	2.69
2.291	Tora	262.1	7°51′E	62°0′N	1967—2015	1511.1	1542.5	−2.30
2.32	Atnasjø	463.3	10°13′E	61°51′N	1917—2015	705.4	859.0	−2.10
2.614	Rosten	1833	9°24′E	61°51′N	1917—2015	558.6	884.3	−1.31
12.228	Kistefoss	3703	10°21′E	60°13′N	1917—2015	502.3	1035.5	1.11
12.7	Etna	570.3	9°37′E	60°57′N	1920—2015	541.6	1177.0	−0.58
15.21	Jondalselv	126	9°33′E	59°42′N	1920—2015	750.0	1212.8	2.26
16.23	Kirkevollbru	3845.4	9°2′E	59°41′N	1906—2015	755.2	1475.4	−0.66
19.127	Rygenetotal	3946.4	8°40′E	58°24′N	1900—2015	930.8	1512.7	3.43
20.2	Austenå	276.4	8°6′E	58°50′N	1925—2015	1224.9	1872.1	2.42
22.4	Kjæøemo	1757.7	7°31′E	58°7′N	1897—2015	1490.1	2266.3	3.62
24.9	Tingvatn	272.1	7°13′E	58°24′N	1923—2015	1755.1	2628.5	3.56
27.24	Helleland	184.7	6°8′E	58°32′N	1897—2015	2338.0	3430.2	4.69
28.7	Haugland	139.4	5°38′E	58°41′N	1919—2015	1520.7	2082.9	6.31
41.1	Stordalsvatn	130.7	6°0′E	59°40′N	1913—2015	3093.8	4029.7	3.93
50.1	Hølen	232.7	6°44′E	60°21′N	1923—2015	1596.8	2671.5	0.33
72.5	Brekkebru	268.2	7°6′E	60°51′N	1944—2014	1940.6	2383.8	−0.36
75.23	Krokenelv	45.9	7°23′E	61°20′N	1965—2015	1537.7	1976.3	0.70

站点编号	站点名称	面积/km²	经度	纬度	资料年限	$\overline{Q}$/(mm/年)	$\overline{P}_{rec}$/(mm/年)	$\overline{t}_{emp}$/℃
76.5	Nigardsbrevatn	65.3	7°14′E	61°40′N	1963—2015	3082.0	3221.6	−1.34
88.4	Lovatn	234.9	6°53′E	61°51′N	1900—2015	2148.7	2872.3	0.36
122.11	Eggafoss	655.2	11°11′E	62°53′N	1941—2015	833.5	1160.1	−0.03
122.17	Hugdalbru	545.9	10°14′E	62°59′N	1973—2015	750.2	1136.6	1.45
122.9	Gaulfoss	3085.9	10°13′E	63°6′N	1958—2015	849.0	1182.3	0.78
123.31	Kjeldstad	143	11°7′E	63°15′N	1930—2015	1608.0	1441.7	2.21
133.7	Krinsvatn	206.6	10°13′E	63°48′N	1916—2015	1903.3	2337.0	3.80
152.4	Fustvatn	525.7	13°18′E	65°54′N	1909—2015	1933.0	2365.0	1.60
163.5	Junkerdalselv	422	15°24′E	66°48′N	1938—2015	1079.6	1294.2	−1.44
191.2	Øvrevatn	526	17°56′E	68°51′N	1914—2015	1294.4	1642.6	−0.70
223.1	Stabburselv	1067.3	24°52′E	70°10′N	1924—2015	641.1	697.7	−1.82
224.1	Skoganvarre	940.7	25°5′E	69°50′N	1922—2014	504.0	598.2	−2.33
234.18	Polmak	14161.4	28°0′E	70°4′N	1912—2015	379.1	527.9	−3.01
247.3	Karpelva	128.6	30°23′E	69°39′N	1928—2015	556.9	668.5	−0.76
311.6	Nybergsund	4424.9	12°19′E	61°15′N	1909—2015	493.2	894.3	−0.90

3.3.2　年最大洪水序列的季节性分析

　　基于图 3.1 所示流程图,本节对挪威 34 个流域的年最大洪水序列进行稳健的季节性分析。圆形数据的图形展示,尤其是采用核密度曲线来估计潜在的总体密度有助于季节聚集性和季节变异性的直观展示。图 3.6 直观地展示了所选研究站点的圆形数据(圆圈周围的深色点据),即洪水发生时间,并给出了玫瑰图(圆圈中间的扇形图)。玫瑰图可以看作是圆形数据的频率直方图,不同的是它通过扇形图而不是柱状图的面积来表示频率。基于图 3.6 的洪水季节性初步分析结果表明,挪威的洪水季节性表现出很强的空间变异性。对于挪威北部的所有站点及高海拔地区的部分站点,洪水事件集中在春末/夏初(5 月及 6 月),表明这些地区洪水事件的形成主要受到融雪的支配。然而对于挪威西部沿海地区的大多数站点,洪水事件主要集中在夏季和/或秋季,表明该地区洪水事件的形成主要受到降雨的支配。在挪威的其他地区,年最大洪水事件并不集中在某一个季节,特别是在挪威南部和东部的内陆地区,年最大洪水事件可能在春/夏和秋/冬均有发生,表明这些地区存在混合的洪水形成机制。

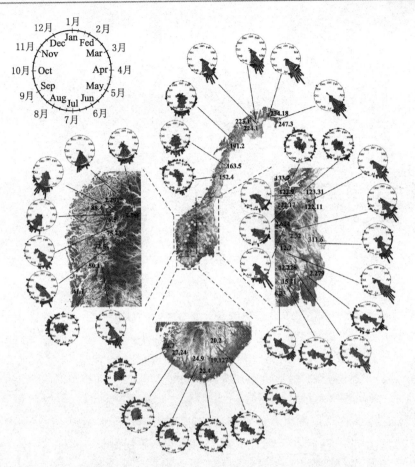

图 3.6　挪威所选站点的圆形数据展示［圆圈周围的深色点据表示的是
实测年最大洪水事件的发生时间；圆圈中间扇形图是玫瑰图（rose diagram），
用来近似表示圆形数据的发生频率］

　　样本平均方向 $\overline{\Omega}$ 和平均合成长度 $\bar{r}$ 可以分别给出年最大洪水事件最可能发生的时间以及洪水季节聚集性的强弱（表 3.2，图 3.7）。如图 3.7（a）和图 3.7（b）所示，挪威西部沿海地区、高海拔地区站点以及最北部地区的部分站点表现出很强的季节聚集性，年最大洪水集中发生在 5 月或者 6 月。而其他站点则表现出很强的季节变异性（$\bar{r} < 0.6$），此时，年最大洪水发生时间较为分散，并没有集中在某个季节。可以初步认为年最大洪水序列中包含不同的洪水形成机制。

　　挪威 34 个研究站点年最大洪水序列的统计推断结果表明，基于 Rayleigh 检验，大多数站点可以在 0.05 的显著性水平下拒绝样本是均匀分布的零假设，除了 Kråkfoss 站和 Fustvatn 站。特别是对于 Fustvatn 站，年最大洪水序列表现出很强的季节变异性，洪水事件发生时间几乎在全年均匀分布（图 3.6）。随后，

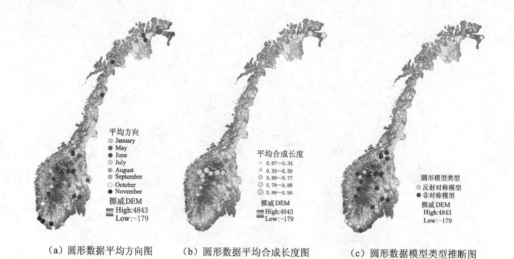

（a）圆形数据平均方向图　　（b）圆形数据平均合成长度图　　（c）圆形数据模型类型推断图

图 3.7　季节性初步分析及圆形数据统计推断结果

对反射对称性进行检验，结果表明约一半的站点可以在 0.05 的显著性水平下拒绝样本服从反射对称模型的零假设（表 3.2）。此外，我们还发现大多数的非对称模型位于高海拔地区，因为这里的洪水事件可以受到春季/夏季融雪的影响 [图 3.7（c）]。检测到非对称模型的存在，可以作为样本中存在不同洪水形成机制的指示（Villarini，2016；Yan 等，2017b）。需要指出的是，有时服从反射对称模型的洪水事件可以发生在完全相对的两个季节（比如 20.2 站、133.7 站和 152.4 站）。因此，本章选取 12 个站点（包括 6 个表现出非对称性的站点和 6 个表现出反射对称性的站点）来进行随后的洪水类型划分以及混合分布模型模拟。

表 3.2　　　　　基于圆形统计分析的年最大洪水序列季节性检验结果

站点 ID	基本圆形统计量		均 匀 性 检 验				对称性检验
	$\overline{\Omega}$（弧度）	$\overline{r}$	Rayleigh	Kuiper	Watson	Rao spacing	基于渐进理论的方法
2.268	3.07（6 月 26 日）	0.85	0.85**	6.08**	3.61**	245.27**	2.20**
2.279	3.03（6 月 24 日）	0.14	0.14	2.72**	0.47**	215.68**	2.09**
2.291	3.02（6 月 24 日）	0.94	0.94**	5.91**	2.91**	288.64**	0.75
2.32	2.71（6 月 6 日）	0.88	0.88**	7.38**	4.97**	265.44**	3.19**
2.614	2.75（6 月 8 日）	0.95	0.95**	7.93**	5.83**	284.94**	2.24**
12.228	3.04（6 月 25 日）	0.57	0.57**	4.62**	2.19**	202.64**	5.65**
12.7	2.50（5 月 25 日）	0.85	0.85**	7.67**	4.92**	280.94**	3.43**
15.21	3.15（7 月 1 日）	0.42	0.42**	4.03**	1.21**	190.65**	1.53

续表

站点 ID	基本圆形统计量		均 匀 性 检 验				对称性检验
	$\overline{\Omega}$（弧度）	$\overline{r}$	Rayleigh	Kuiper	Watson	Rao spacing	基于渐进理论的方法
16. 23	3.16（7 月 2 日）	0.53	0.53**	4.96**	1.99**	201.40**	5.08**
19. 127	4.48（9 月 17 日）	0.27	0.27**	3.23**	0.80**	166.58**	6.82**
20. 2	3.58（7 月 26 日）	0.29	0.29**	3.70**	0.82**	203.34**	0.40
22. 4	5.08（10 月 22 日）	0.33	0.33**	3.14**	0.93**	164.95**	2.07**
24. 9	5.42（11 月 11 日）	0.45	0.45**	4.20**	1.27**	179.34**	0.69
27. 24	5.56（11 月 19 日）	0.59	0.59**	4.69**	2.22**	171.85**	0.38
28. 7	5.69（11 月 27 日）	0.59	0.59**	4.48**	1.77**	180.61**	0.47
41. 1	5.12（10 月 25 日）	0.51	0.51**	3.87**	1.52**	167.64**	1.31
50. 1	3.00（6 月 22 日）	0.76	0.76**	6.44**	3.65**	245.15**	3.63**
72. 5	3.35（7 月 13 日）	0.69	0.69**	4.63**	1.99**	222.02**	5.05**
75. 23	2.89（6 月 16 日）	0.76	0.76**	4.87**	1.98**	253.73**	3.06**
76. 5	3.75（8 月 6 日）	0.94	0.94**	5.65**	2.94**	266.01**	0.94
88. 4	3.61（7 月 29 日）	0.92	0.92**	7.95**	6.05**	265.93**	2.58**
122. 11	2.61（5 月 31 日）	0.92	0.92**	6.71**	4.21**	270.84**	2.51**
122. 17	2.54（5 月 27 日）	0.86	0.86**	4.27**	1.65**	244.88**	2.20**
122. 9	2.77（6 月 9 日）	0.81	0.81**	4.37**	1.84**	240.22**	3.59**
123. 31	3.33（7 月 11 日）	0.35	0.35**	2.66**	0.62**	159.80**	2.31**
133. 7	0.26（1 月 15 日）	0.34	0.34**	2.65**	0.64**	146.88**	0.94
152. 4	3.64（7 月 30 日）	0.07	0.07	1.77**	0.23**	154.88**	0.51
163. 5	3.00（6 月 23 日）	0.85	0.85**	5.72**	3.24**	234.26**	0.80
191. 2	3.07（6 月 26 日）	0.63	0.63**	4.78**	2.39**	197.23**	1.00
223. 1	2.75（6 月 8 日）	0.96	0.96**	7.98**	5.75**	293.52**	1.26
224. 1	2.72（6 月 6 日）	0.96	0.96**	8.07**	5.77**	291.82**	1.54
234. 18	2.52（5 月 26 日）	0.97	0.97**	8.78**	6.82**	304.14**	1.01
247. 3	2.49（5 月 24 日）	0.93	0.93**	7.85**	5.29**	294.33**	1.33
311. 6	2.52（5 月 26 日）	0.78	0.78**	6.34**	4.05**	231.06**	0.35

注　表中 ** 号表示 p 值 <0.05，* 表示 $0.05<p$ 值 <0.1；0 角度位于从正向水平轴转动 $\pi/2$ 的位置；粗体表示的站点被选作随后的研究。

3.3.3　洪水类型划分

本节将对 3.3.2 节挑选出的 12 个站点的年最大洪水序列进行洪水类型划分。

在此之前，首先需要基于3.2.2节中提到的日径流降解方法对12个站点洪峰附近的日径流进行降解。图3.8给出了4个站点的日径流降解效果。结果表明，所推求的小时洪水过程线与实测小时洪水过程线拟合效果较好，可以很好地保留日流量值。总体来说，相较于直接使用日流量进行洪量估计，采用所推求的小时洪水过程线可以提高对洪量的计算精度。值得注意的是，本章所采用的日径流降解方法并不能保证对洪峰的模拟效果，因此Fischer等（2016）建议采用实测的洪峰流量，而不是降解后的洪峰流量来计算洪水时间尺度。然而，本章中，挪威大多数的站点最多只能获得30年的实测洪峰流量数据。因此，本章在接下来的研究中将采用降解后的洪峰值来计算洪水时间尺度FT。

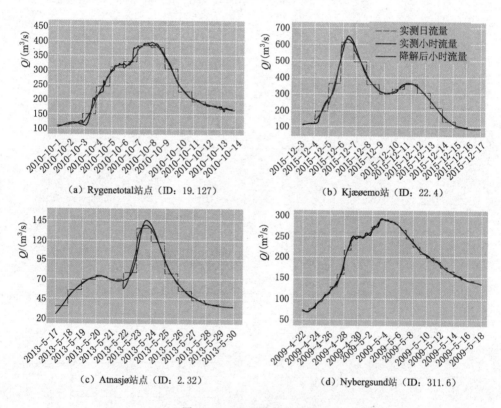

图3.8 日径流降解效果图

接下来，基于Fischer等（2016）提出的洪水类型划分方法，我们对所选12个站点的洪水机制进行划分。该方法基于洪峰和洪量的线性回归方程的斜率来确定划分阈值FT_0。12个站点的年最大洪水序列均被划分为两种洪水机制，即长历时洪水和短历时洪水（图3.9）。大部分站点短历时洪水回归方程的确定性系数大于0.9，而对于长历时洪水来说，有4个站点回归方程的确定性系数小于 0.9，表明对这些站点来说，年最大洪水序列中可能存在着更多的洪水形成机制，理论上讲需要将洪水序列划分为更多的子序列。然而，提高划分的子序列的个数无疑会降低每个子序列中的样本量，并导致随后统计推断步骤得到不可靠的计算结果。因此，在本章中，仅将年最大洪水序列划分为两个子序列。

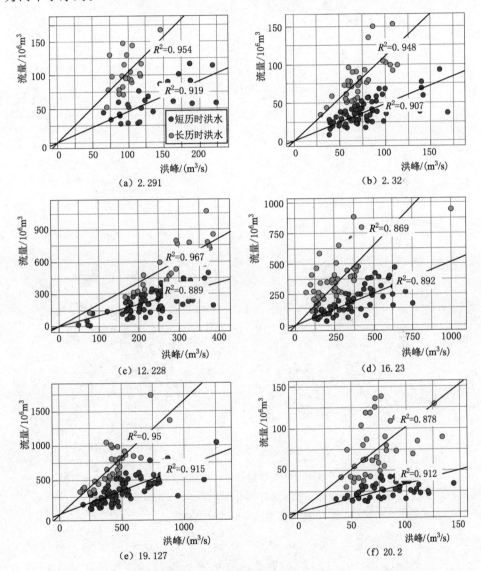

图 3.9（一）　基于洪水时间尺度的挪威所选研究站点洪水类型划分结果
（斜率较大的深色点据代表长历时洪水，斜率较小的
浅色点据代表短历时洪水）

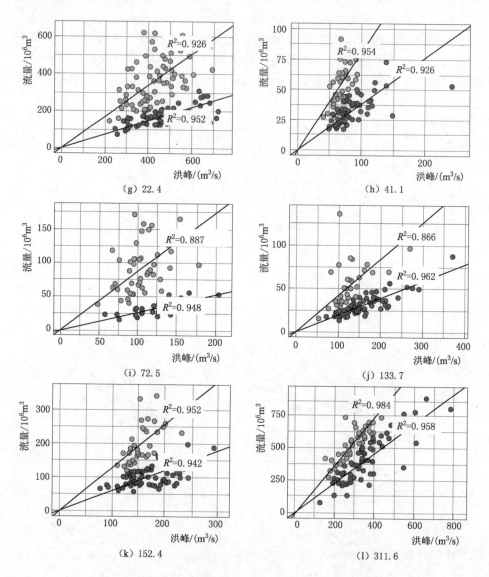

图 3.9（二）　基于洪水时间尺度的挪威所选研究站点洪水类型划分结果
（斜率较大的深色点据代表长历时洪水，斜率较小的
浅色点据代表短历时洪水）

　　为了进一步地揭示长历时洪水和短历时洪水背后的物理机制，基于圆形统计和 Burn 图（Burn，1997），本章也分析了所划分的两类洪水类型的洪水发生时间。如图 3.10 所示，对于大多数的站点，长历时的洪水主要集中在初夏（5 月和 6 月），表明发生在春季/夏季的融雪可能是长历时洪水的主要

成因。而短历时洪水则在全年均有发生。更具体地讲，挪威沿海地区的短历时洪水在全年均有发生，而挪威中部和北部地区的洪水事件不在冬季发生，这和挪威降雨的时空分布类型是一致的，表明降雨对短历时洪水的形成起着重要的作用。

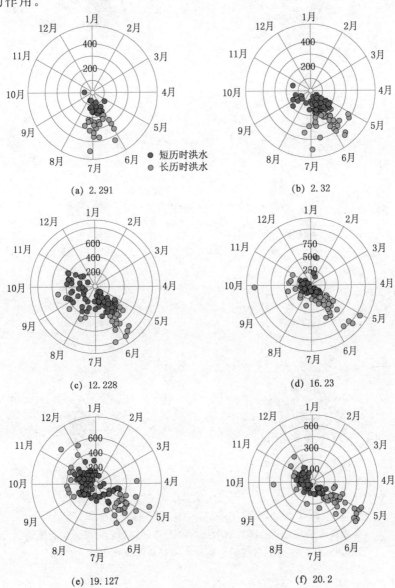

图 3.10（一）　所选 12 站点 *FT* 值的 Burn 图
（靠近圆心的浅色实心圆代表短历时洪水；远离圆心的深色实心圆
代表长历时洪水；各点据距离圆心的径向距离代表着 *FT* 值）

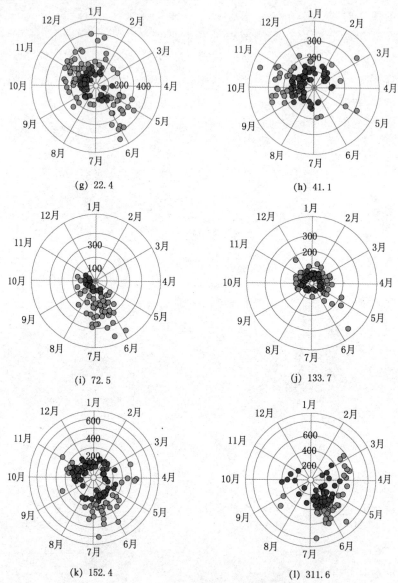

(g) 22.4　　　　　　　　　　(h) 41.1

(i) 72.5　　　　　　　　　　(j) 133.7

(k) 152.4　　　　　　　　　　(l) 311.6

图 3.10（二）　　所选 12 站点 FT 值的 Burn 图

（靠近圆心的浅色实心圆代表短历时洪水；远离圆心的深色实心圆

代表长历时洪水；各点据距离圆心的径向距离代表着 FT 值）

3.4　本　章　小　结

在本章中，我们首先对挪威 34 个流域的年最大洪水序列进行季节性分析，来识别不同的洪水形成机制，结果表明挪威的洪水季节性表现出很强的空间变异性。挪威北部的所有站点及高海拔地区的部分站点，洪水事件集中在春末/夏初发生，表明这些地区洪水事件的形成可能主要受到融雪的支配。而挪威西部沿海地区的大多数站点，洪水事件主要集中在夏季和/或秋季发生，表明该区域洪水事件的形成可能主要受到降雨的支配。而在其他地区，洪水事件并不集中在某一个季节发生，特别是在挪威南部和东部的内陆地区，年最大洪水事件可能在春/夏和秋/冬均有发生，表明这些地区可能存在不同的洪水形成机制。

　　本章基于季节性分析和严格的假设检验的结果，选取 12 个站点进行洪水类型划分。为了提高洪水事件中洪量的计算精度，本章采用半经验的日径流降解方法将所选研究区洪峰附近的日径流降解为小时径流，取得了较好的效果。随后采用洪水时间尺度（洪量洪峰比）这一基于事件的指标表征不同的洪水形成机制，并据此将年最大洪水全序列划分为长历时洪水子序列（融雪导致洪水）和短历时洪水子序列（暴雨导致洪水）。结果表明，12 个站点的年最大洪水序列均能被较好地划分为长历时洪水和短历时洪水这两类洪水形成机制，其中大部分站点短历时洪水回归方程的确定性系数大于 0.9，部分站点的长历时洪水回归方程的确定性系数小于 0.9，表明年最大洪水序列中可能存在着更多的洪水形成机制。

4　基于洪水类型划分的
时变混合分布模型

基于时变单一分布模型的非一致性频率分析方法（第2章）认为非一致性导致洪水极值分布的统计参数发生变化（时变），而分布线型不变。混合分布模型则从另一角度阐述洪水序列的非一致性，其认为由于气象条件差异、流域土地利用类型和流域特征多样化等因素的共同作用，洪水事件由不同洪水形成机制产生，洪水极值序列不再服从同一个概率分布。此时，从理论上讲，无法应用基于单一概率分布的洪水频率分析方法对存在洪水类型差异的洪水序列进行频率分析。因此，针对这一问题，本章主要介绍基于混合分布模型，即时不变混合分布模型和时变混合分布模型的非一致性频率分析方法。并比较不同的非一致性模型，即时变单一分布模型、时不变混合分布模型以及时变混合分布模型的表现。

4.1　时不变混合分布模型

混合分布模型可以直接对非一致性（非同分布）的水文极值序列进行频率分析。其基本思想是假设存在混合洪水总体的水文序列可以划分为若干个子序列，并使各子序列服从相应的子分布，而洪水变量的总体分布则由若干个子分布通过加权求和的方式混合而成。在水文领域，混合分布的概念首先被 Singh 等（1972）引入到洪水频率分析中，目前已得到了广泛的应用。McLachlan 等（2000）给出了混合分布理论的详细介绍。本节将主要介绍时不变混合分布模型的基本理论和方法。将第 t 年的洪水事件记作 $z_t(t=1, \cdots, n)$，其相应的概率密度函数被记作 $f(z_t \mid \boldsymbol{\theta}, w)$，那么混合分布可以表示成以下形式：

$$\left.\begin{aligned} f(z_t \mid \boldsymbol{\theta}, w) &= \sum_{i=1}^{k} w_i f_i(z_t \mid \boldsymbol{\theta}_i) \\ \sum_{i=1}^{k} w_i &= 1 \end{aligned}\right\} \tag{4.1}$$

式中：$f_i(z_t \mid \boldsymbol{\theta}_i)$ 为混合分布的第 i 个子分布的概率密度函数，分布参数为 $\boldsymbol{\theta}_i$；w_i 为权重系数（$0 \leqslant w_i \leqslant 1$），表示 z_t 属于第 i 个子分布的概率。其中 $\boldsymbol{\theta} = \{\boldsymbol{\theta}_1, \cdots, \boldsymbol{\theta}_n\}$，$w = (w_1, \cdots, w_k)$；$k$ 为子分布的个数。

Alila 等（2002）强调在应用式（4.1）时，混合分布模型子分布的个数应当控制在最低程度。这是因为随着子分布个数的增加，不仅需要更多的观测数据来估计模型参数，还会使参数估计方法变得愈发不稳健和不准确。在无法明确划分年最大洪水序列时，研究人员通常假设洪水极值序列是由两种洪水机制形成的，并借助传统的时不变两组分混合分布模型（traditional two-component mixture distributions，TCMD-T）进行频率分析，其数学表达式如下：

$$f_{\text{TCMD-T}}(z_t|\boldsymbol{\theta},w)=wf_1(z_t|\boldsymbol{\theta}_1)+(1-w)f_2(z_t|\boldsymbol{\theta}_2) \tag{4.2}$$

式中：w 和 $1-w$ 分别为 y_t 属于第 1 个子分布和第 2 个子分布的概率。

参数向量组 $\boldsymbol{\theta}=\{\boldsymbol{\theta}_1,\boldsymbol{\theta}_2\}$ 代表的是子分布的分布参数。相应地，TCMD-T 的累积概率密度函数（cumulative density function，CDF）可表示为

$$F_{\text{TCMD-T}}(z_t|\boldsymbol{\theta},w)=wF_1(z_t|\boldsymbol{\theta}_1)+(1-w)F_2(z_t|\boldsymbol{\theta}_2) \tag{4.3}$$

在实际应用中，由于没有对洪水机制进行划分，TCMD-T 的所有参数，即 $\boldsymbol{\theta}_1$、$\boldsymbol{\theta}_2$、w、$1-w$ 必须联合估计，这很可能会导致某些子分布产生负流量值（Bardsley，2016）或者使计算的设计洪水值具有更大的标准误差（Strupczewski 等，2012）。在本节中，如果采用第 3 章中介绍的洪水类型划分方法，将年最大洪水全序列划分为两个子序列，便可以很自然地转向使用基于洪水时间尺度的时不变两组分混合分布（FT-based two-component mixture distributions，TCMD-F），它的概率密度函数可以表示为

$$\left.\begin{aligned}f_{\text{TCMD-F}}(z_t|\boldsymbol{\theta},w)&=w_{\text{L}}f_{\text{L}}(z_t|\boldsymbol{\theta}_{\text{L}})+w_{\text{S}}f_{\text{S}}(z_t|\boldsymbol{\theta}_{\text{S}})\\ w_{\text{L}}&=n_{\text{L}}/(n_{\text{L}}+n_{\text{S}})\\ w_{\text{S}}&=n_{\text{S}}/(n_{\text{L}}+n_{\text{S}})\end{aligned}\right\} \tag{4.4}$$

式中：$f_{\text{L}}(\cdot)$ 和 $f_{\text{S}}(\cdot)$ 分别为长历时洪水（L-组分）和短历时洪水（S-组分）的概率密度函数；w_{L} 和 w_{S} 分别为 z_t 属于 L-组分和 S-组分的概率；参数向量组 $\boldsymbol{\theta}=\{\boldsymbol{\theta}_{\text{L}},\boldsymbol{\theta}_{\text{S}}\}$ 分别表示 $f_{\text{L}}(\cdot)$ 和 $f_{\text{S}}(\cdot)$ 的分布参数；n_{L} 为 L-组分的样本量；n_{S} 为 S-组分的样本量。相应地，TCMD-F 模型的累积概率密度函数可以表示为

$$F_{\text{TCMD-F}}(z_t|\boldsymbol{\theta},w)=w_{\text{L}}F_{\text{L}}(z_t|\boldsymbol{\theta}_{\text{L}})+w_{\text{S}}F_{\text{S}}(z_t|\boldsymbol{\theta}_{\text{S}}) \tag{4.5}$$

由于年最大洪水全序列被划分为 L-组分和 S-组分，所以 $\boldsymbol{\theta}_{\text{L}}$ 和 $\boldsymbol{\theta}_{\text{S}}$ 参数向量可以由每个洪水子序列单独估计。此外，w_{L} 和 w_{S} 可以由各子序列在年最大洪水全序列中所占比例提前确定，而无需经过优化计算（Yan 等，2019b）。

需要指出的是，两组分的时不变混合分布模型，无论是 TCMD-T 模型还是 TCMD-F 模型都是灵活的统计工具，它们既不要求两个子分布属于同一个分布族，也不要求它们具有相同数量的统计参数。只要子分布函数是连续的，时不变混合分布模型的概率密度函数就是存在的（Fischer 等，2016；Lee 等，2014；Shin 等，2016；Yan 等，2019b）。

4.2　时变混合分布模型

第 2 章和第 4.1 节分别介绍了两种常用的基于非一致性洪水极值序列的直接
频率分析法，即基于时变单一分布模型和基于时不变混合分布模型的非一致性
频率分析方法。这两种方法认为，非一致性水文变量服从的概率分布要么分布
线型不同（时不变混合分布模型），要么统计参数变化（时变单一分布模型）。
然而，在变化环境下，由于洪水形成的气象条件的变化（比如台风、热带气旋、
融雪的发生强度和频率的改变）、流域下垫面条件的改变和流域特征的变化，洪
水极值序列可能表现出更复杂的概率行为，即不仅概率分布的统计参数会发生
变化，分布线型也会发生变化（Khaliq 等，2006；Singh 等，2005；Villarini
等，2010），如图 4.1 所示。

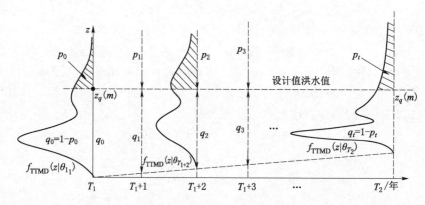

图 4.1　变化环境下从 T_1 时刻到 T_2 时刻，统计参数和分布线型同时变化的示意图

然而，无论是时不变混合分布模型还是时变单一分布模型都不足以同时描
述统计参数和分布线型的变化。目前，关于此方面的研究非常的有限。Zeng 等
（2014）从突变的角度，应用变点检验方法和混合分布模型研究了年最大洪水序
列的非一致性，没有考虑子分布参数的时变特性。在研究年径流和春季洪水极
值时，Evin 等（2011）基于贝叶斯方法，提出了考虑权重系数是时变的混合分
布，但是子分布的分布参数仍然是不变的。Khaliq 等（2006）曾建议采用子分
布参数具有线性趋势的混合分布模型来进行非一致性洪水频率分析。因此，为
了考虑非一致性洪水序列更复杂的概率行为，Yan 等（2017b）提出了时变混合
分布模型（Time‐varying two‐component mixture distribution，TTMD）。本
节在时不变混合分布模型的基础上，主要介绍时变混合分布模型。

为了减少参数估计的复杂性，我们在式（4.2）给出的传统的时不变混合
分布模型（TCMD‐T）的基础上来构建两组分时变混合分布模型（TTMD）。

在 TTMD 模型中，任一子分布的统计参数和权重系数都可能是时变的，因此 TTMD 模型的数学表达式如下：

$$f_{\text{TTMD}}(z_t|\boldsymbol{\theta}^t,w^t)=w^tf_1(z_t|\boldsymbol{\theta}_1^t)+(1-w^t)f_2(z_t|\boldsymbol{\theta}_2^t) \tag{4.6}$$

其中，$\boldsymbol{\theta}^t=\{\boldsymbol{\theta}_1^t,\ \boldsymbol{\theta}_2^t\}$ 分别表示的是子分布 $f_1(\cdot)$ 和 $f_2(\cdot)$ 的时变参数，$w^t(0\leqslant w^t\leqslant 1)$ 是时变的混合分布权重系数。相应地，TTMD 模型的累积概率密度函数表达式为

$$F_{\text{TTMD}}(z_t|\boldsymbol{\theta}^t,w^t)=w^tF_1(z_t|\boldsymbol{\theta}_1^t)+(1-w^t)F_2(z_t|\boldsymbol{\theta}_2^t) \tag{4.7}$$

为了减少模型结构的复杂性，本章仅选取两个两参数分布，即 gamma（G）和 Weibull（W）分布作为子分布来构建 TTMD 模型。在式（4.6）的基础上，考虑到统计参数和权重系数不同变化类型的组合，TTMD 模型共有 8 种变化形式（图 4.2）。对每一种变化形式，采用时变矩法，将两参数子分布 $f_i(z_t|\mu_i^t,\sigma_i^t)$，（$i=1,\ 2$）的位置参数 μ_i^t 和尺度参数 σ_i^t 表示为解释变量 $x_j^t(j=1,\ 2,\ \cdots,\ I_L)$ 的线性或者非线性函数：

$$\left.\begin{aligned}g(\mu_i^t)&=\alpha_{i0}+\sum_{j=1}^{I_L}\alpha_{ij}x_j^t\\g(\sigma_i^t)&=\beta_{i0}+\sum_{j=1}^{I_L}\beta_{ij}x_j^t\end{aligned}\right\} \tag{4.8}$$

$$\boldsymbol{\alpha}=(\alpha_{10},\ \cdots,\ \alpha_{1I_L},\ \alpha_{20},\ \cdots,\ \alpha_{2I_L})^{\text{T}}$$

$$\boldsymbol{\beta}=(\beta_{10},\ \cdots,\ \beta_{1I_L},\ \beta_{20},\ \cdots,\ \beta_{2I_L})^{\text{T}}$$

式中：$g(\cdot)$ 为分布参数的连接函数；$\boldsymbol{\alpha}$ 和 $\boldsymbol{\beta}$ 分别为描述位置参数 μ_i^t 和尺度参数 σ_i^t 的变化特征的时变矩模型参数。

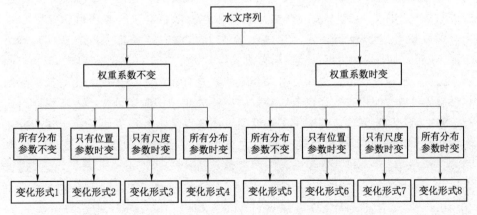

图 4.2　时变混合分布模型的变化形式（变化形式 1 代表的是作为对照的时不变混合分布）

类似于式（4.8）中子分布的时变参数的构建，时变权重系数 w^t 也可以表达为解释变量 $x_j^t(j=1,\ 2,\ \cdots,\ I_L)$ 的函数。需要指出的是，w^t 的取值需要控

制在 $[0, 1]$ 区间内。因此，给出 w^t 的表达式，如下：

$$w^t = \cfrac{1}{1 + \exp\left(\zeta_0 + \sum_{j=1}^{I_L} \zeta_j x_j^t\right)} \tag{4.9}$$

其中，$\zeta = (\zeta_0, \zeta_1, \cdots, \zeta_n)^T$ 是用来描述 w^t 变化的模型参数。

在构建时变混合分布的过程中，选择合适的解释变量（或者协变量）是一个重要的环节。本研究选择了时间协变量和物理协变量（即年总降雨量 prec 和人口 pop）作为解释变量来模拟子分布参数和权重系数的变化趋势。

4.3   混合分布模型参数估计方法

4.3.1   TCMD-T 时不变模型的参数估计方法

模型的参数估计是标准的统计推断中的一个重要环节。针对 TCMD-T 模型的参数估计问题，研究人员积极地开展研究，总结起来主要有以下几种参数估计方法：①极大似然估计法（Rossi 等，1984）；②期望最大化算法（Expectation-Maximization algorithm，EM）（Leytham，1984）；③非线性优化方法；④最大熵准则法（principle of maximum entropy，POME）（Fiorentino 等，1987）；⑤贝叶斯方法。其中 EM 算法是应用最为广泛的方法（McLachlan 等，2000）。EM 方法可以看作是基于 MLE 的迭代优化算法。相较于传统的 MLE 方法，应用 EM 方法具有诸多优点，比如不需要推导复杂的信息矩阵（information matrix）、迭代计算更加方便等，但是 EM 算法也存在着一些缺点，比如当权重系数较小时，可能无法准确估计权重系数参数、对小样本不收敛、无法得到全局最优等问题（Shin 等，2014）。随着马尔科夫链蒙特卡罗方法（Markov chain Monte Carlo）的发展，贝叶斯方法成为 EM 方法的一个重要替代。应用贝叶斯方法主要有以下优点：①通过引入合适的先验分布，可以在最大化对数似然函数时避免出现虚假模态；②当未知参数的后验分布已知时，贝叶斯方法可以给出有效的推断，而不需要依据渐进正态性假设。缺点是贝叶斯方法依赖于先验分布的选择，并且通常需要耗费较长机时来确保模型的参数收敛（McLachlan 等，2000；Shin 等，2014）。近年来，随着遗传算法（genetic algorithm）、模拟退火算法（simulated annealing algorithm，SAA）和声搜索算法（harmony search algorithm）等元启发式优化算法（meta-heuristic optimization algorithms）的兴起，有学者提出将 TCMD-T 模型的参数估计问题看作是组合优化问题（Lee 等，2014；Zeng 等，2014；成静清等，2010；冯平等，2013）。成静清等（2010）提出采用模拟退火算法来估计 TCMD-T 模型的参数，同时他们也指出，在应用模拟退火算法进行参数估计时，要特别注意得到的分布参数的物理意义。Lee 等（2014）提出采用和声搜索算法来估计 TCMD－T 模型的参数。曾杭（2015）在模拟退火算法的基础上，为满足模型参数物理意义的要求，根据研究区大清河流域入库洪水极值序列的特点，添加 $C_s/C_v \in [2，3]$ 这一约束条件，并以频率离差绝对值之和最小作为目标函数来估计 TCMD－T 模型的参数。Shin 等（2014）提出了一种元启发式极大似然算法（meta－heuristic maximum likelihood，MHML）来估计 TCMD－T 模型的参数，该方法将遗传算法和极大似然估计法相结合。结果表明，相较于 EM 算法，MHML 算法在估计模型权重系数、在小样本情况下寻找全局最优等方面具有优势。此外，MHML 算法还具有结构简单、节省机时、可以灵活地估计由多种子分布构成的 TCMD－T 模型的参数等优点。

本章采用 Yan 等（2017b）提出的方法估计模型参数。在 MHML 参数估计方法的框架下，将模拟退火算法和极大似然估计法结合，来估计 TCMD－T 模型的参数。对于给定的实测洪水序列 $z_t(t=1，2，\cdots，n)$，TCMD－T 模型的对数似然函数可以表示为

$$l = \ln L(\boldsymbol{\theta},w) = \ln \prod_{t=1}^{n} f_{\text{TCMD－T}}(z_t \mid \boldsymbol{\theta},w) = \sum_{t=1}^{n} \ln\{wf_1(z_t \mid \boldsymbol{\theta}_1) + (1-w)f_2(z_t \mid \boldsymbol{\theta}_2)\}$$

(4.10)

在计算公式（4.10）中对数似然函数的最大值时，由于复杂的信息矩阵和局部最优问题，传统的 Newton－Raphson 方法不再适用。因此，本章采用模拟退火算法（simulated annealing algorithm，SAA）（Kirkpatrick 等，1983）来解决这些问题。

模拟退火算法最早由 Kirkpatrick 等（1983）引入到组合优化领域。该方法基于蒙特卡洛（Monte－Carlo）迭代求解对固体材料退火过程进行仿真模拟，期望在所有的解空间内寻求目标函数的全局最优解。基本思想是认为组合优化问题和固体材料退火过程具有相似性，即随着固体材料温度的降低，固体的内部粒子会从高能的无序状态逐渐趋于有序状态，并最终稳定在内能最小的平衡状态。从一个较高的初始温度出发，首先生成一个初始解集，并计算相应的目标函数值 E_a（能量值）。随后对当前解集施加一个很小的扰动得到一个新的解集，并计算新的目标函数 E_b，基于 Metropolis 准则判断是否接受新的解集。如果 $\delta E = E_b - E_a < 0$，那么这个新的解集被接受为最优解。否则，按照以下概率接受新解：

$$p(\delta E) = \exp\left(-\frac{\delta E}{\lambda Temp_c}\right)$$

(4.11)

式中：λ 为 Boltzmann 常数；$Temp_c$ 为当前温度。如果这个概率高于一个随机数，尽管新解并不优于之前的解，仍然认定其为最优解。一旦系统达到当前温

度 $Temp_c$ 下的平衡态，那么算法将继续下去并逐步降低温度，直到达到最低温度 (Dowsland 等，2012；Kirkpatrick 等，1983)。

针对本研究，模拟退火算法的最优化问题本质上是一个有约束的单目标优化问题，即求解式 (4.10) 中负的对数似然函数，即 $-l$ 的最小值。基于模拟退火算法的 MHML 参数估计方法的主要步骤总结如下：

(1) 设置初始温度 $Temp_0$。

(2) 设置 TCMD-T 模型参数的变化范围。在第 a 步随机生成初始解集。

(3) 计算在第 a 步的目标函数值 E_a，即 $-l_a$。

(4) 在第 b 步，通过对当前解集施加一个小的扰动来生成一个新的解集，并计算新的目标函数值 E_b，即 $-l_a$。

(5) 如果 $\delta E = E_b - E_a = l_a - l_b < 0$，那么接受新的解集，否则，以 $p(\delta E)$ 的概率接受新的解集。

(6) 在当前温度下重复第 (4) 步~第 (5) 步。

(7) 降低温度，并重复第 (2) 步~第 (6) 步直到满足收敛准则。

4.3.2 TCMD-F 时不变模型的参数估计方法

针对 TCMD-F 模型的参数估计问题，由于已使用基于洪水时间尺度的洪水类型划分方法将年最大洪水序列划分为 L-组分，记作 $z_L(i)(i=1, \cdots, n_L)$，和 S-组分，记作 $z_S(i)(i=1, \cdots, n_S)$。因此，不同于 TCMD-T 模型的参数估计时，权重系数和各子分布的分布参数都需要依据年最大洪水全序列联合估计。TCMD-F 模型中的权重系数 w_L 和 w_S 可以分别依据 L-组分洪水序列和 S-组分在年最大洪水全序列中所占比例来确定，如式 (4.4)，而不需要进行优化计算，并且式 (4.4) 中的两个参数向量组 θ_L 和 θ_S 可以分别由 $z_L(i)$ 和 $z_S(i)$ 两个子序列分别估计。所以，TCMD-F 模型的参数估计问题便简化为类似时不变单一分布模型的参数估计问题，进一步地降低了 TCMD-F 模型参数估计的难度和复杂程度，预期可以取得更稳健的参数估计结果。和时不变单一分布模型的情况一样，我们采用 MLE 方法估计 TCMD-F 模型中子分布的参数。

4.3.3 TTMD 时变模型的参数估计方法

式 (4.6) 中 TTMD 模型的参数需要基于年最大洪水全序列来联合估计。但是，由于 TTMD 模型众多的模型参数，传统的极大似然算法、EM 算法、Bayesian 算法均不适用。所以，本章仍采用基于模拟退火算法的 MHML 来进行 TTMD 模型的参数估计。在本章 4.3.1 中，给出了基于模拟退火算法的 MHML 参数估计方法详细的理论说明和计算步骤，此处不再赘述。

4.4 模型拟合优度检验及选取准则

在应用 TCMD－T 和 TCMD－F 这两种时不变混合分布模型时，本章采用不同类型的极值分布（extreme value distributions），包括传统的时不变单一分布模型和由不同子分布组成的多种类型的时不变两组分混合分布（TCMD－T 和 TCMD－F）来拟合年最大洪水序列。因此，为了避免模型出现过拟合（overfitting）问题以及定量地评估所建立的各个模型的拟合优度（goodness－of－fit），采用 AIC 准则、改进的确定性系数（R_a^2）(Shin 等，2016) 以及 bootstrap－KS (Kolmogorov－Smirnov) 检验法的统计量（D_{ks}）(Sekhon，2011) 3 个指标来进行拟合优度检验。最终采用 TOPSIS (technique for order preference by similarity to ideal solution) 多准则决策方法来进行最优模型的选择。

而对于 TTMD 模型来说，为了降低模型结构的复杂程度，仅采用 gamma 和 Weibull 两种两参数子分布构建 TTMD 模型，备选模型相对较少。同时，为了方便不同非一致性模型之间的比较，与第 2 章中时变单一分布中的情况保持一致，本章采用 AIC 准则来选取最优 TTMD 模型。此外，额外增加 SBC 准则来说明模型结构复杂性的增加对模型表现的影响。

4.4.1 模型选取准则

1. AIC 准则与 SBC 准则

本章基于广义 AIC 准则（Generalized Akaike Information Criterion）GAIC 进行最优模型的选取：

$$\text{GAIC} = -2l_{max} + \# \times \rho \tag{4.12}$$

式中：l_{max} 为每个备选非一致性模型的极大对数似然值；ρ 为模型的自由度，即模型中需要单独率定的参数个数；$\#$ 为惩罚因子项。

GAIC 值越小说明模型的整体表现越优。当我们分别取 $\# = 2$ 和 $\# = \ln n$ 时，便可得到 GAIC 准则应用最为广泛的两个特例，即 AIC 准则（Akaike，1974）和 SBC (Schwarz Bayesian criterion) 准则（Schwarz，1978）。可以发现，当实测样本序列长度大于 8 时，SBC 准则的惩罚因子项要大于 AIC 准则（$\ln 8 > 2$）。因此，对于水文极值序列（样本量 $n > 8$）来说，相较于 AIC 准则，SBC 准则更为严格。本章同时依据 AIC 准则 SBC 准则选取最优模型，并分析 TTMD 模型参数的增加对模型表现的影响。

2. 改进的确定性系数

确定性系数（coefficient of determination）常被用来计算实测值和模型模拟值的拟合效果，传统的确定性系数 R_0^2 的表达式如下：

77

$$R_0^2 = 1 - \frac{\sum_{t=1}^{t=n} \left[F(z_t) - \hat{F}(z_t) \right]^2}{\sum_{t=1}^{t=n} \left[F(z_t) - \overline{F} \right]^2} \tag{4.13}$$

式中：$F(z_t)$ 和 $\hat{F}(z_t)$ 分别为第 t 个观测值的经验和理论累积概率密度；$\overline{F}$ 为观测值的平均经验累积概率密度。

为了考虑模型的简洁性，Shin 等（2014）通过对参数个数增加惩罚项，提出了改进的确定性系数 R_a^2，其数学表达式如下：

$$R_a^2 = 1 - (1 - R_0^2) \frac{n-1}{n-\rho} \tag{4.14}$$

式中：n 为观测值的个数；ρ 为模型中需要独立率定的参数个数。

R_a^2 值越接近 1，表示模型的拟合效果越好。

3. Bootstrap - KS 检验统计量

传统的单样本 KS 检验（Kolmogorov - Smirnov test）常被用来检验样本是否来自于一个给定的概率分布，并且 KS 统计量被定义为

$$D_{ks} = \max_{1 \leqslant t \leqslant n} | F(z_t) - \hat{F}(z_t) | \tag{4.15}$$

式中：$F(z_t)$ 和 $\hat{F}(z_t)$ 分别为第 t 个观测值 z_t 的经验和理论累积概率密度。

研究人员需要时刻注意的是，在应用 KS 检验方法时，潜在的概率分布的参数必须提前给定。这就意味着如果分布的位置参数、尺度参数以及形状参数是直接由实测值估计得到的，那么 KS 检验的置信区间将变得无效，并导致 KS 检验倾向于接受待检验样本序列是由给定的分布生成的零假设（null hypothesis）（Croarkin 等，2006）。为了解决这个问题，本章采用 Sekhon（2011）提出的方法，KS 统计量由 bootstrap 模拟的方式得到。D_{ks} 越小，模型的表现越好。

在应用 TCMD - T 和 TCMD - F 这两种时不变模型时，为了基于上述 3 种不同的拟合优度评价指标，综合地评价本章所使用的众多概率模型的表现并确定最优模型，本章采用 TOPSIS 多准则决策方法（Hwang 等，1981）来进行最优模型的选择。TOPSIS 是一种应用广泛的多准则决策方法，该方法在不同评价准则之间进行权衡，并最终给出所有备选模型的排序。在本章中，R_a^2 是收益准则（benefit criterion），即其值越大越好；而 AIC 和 D_{ks} 是成本准则（cost criterion），即其值越小越好。需要指出的是，在计算加权标准化决策矩阵的时候，我们认为各个评价准则的重要程度是一样的。本章采用 R 语言的软件包"topsis"（Yazdi，2013）来实现这一过程。

4.4.2　模型拟合优度检验

在依据 AIC 准则和 SBC 准则选择出表现最优的 TTMD 模型后，研究人员需要进一步地检验最优模型的拟合优度。即所构建的最优 TTMD 模型能否较好地表征洪水极值序列的非一致性。本章和 2.3.2 节中保持一致，我们仍然通过比较实测样本极值序列的经验残差与 TTMD 模型的理论残差，来衡量最优模型的拟合优度，并据此判断选取的最优 TTMD 模型能否模拟/拟合实测的水文样本极值序列。因此，本章选用 Q-Q 图、worm 图以及百分位数曲线图（centile curves）来定性地评价 TTMD 模型的拟合优度；采用 Filliben 相关指数来定量地评价 TTMD 模型的拟合效果。第 2.3.2 节中给出了上述各种定量、定性的拟合优度检验指标的详细介绍，此处不再赘述。

4.5　应　用　研　究

4.5.1　研究区和数据

基于第 3 章中的洪水类型划分结果，本节将两类时不变混合分布模型，即 TCMD-T 和 TCMD-F 模型应用到第 3 章中依据季节性分析和圆形数据统计推断所选取的挪威 12 个存在不同洪水形成机制的子流域的年最大洪水序列，来说明使用混合分布模型的合理性，并比较两类模型的表现。所选挪威研究流域的详细介绍见 3.3.1 节。

选取渭河流域内华县水文站、咸阳水文站、张家山水文站控制流域作为研究区域来研究 TTMD 模型的表现及其适用性。由于气候变化和剧烈的人类活动的影响，渭河流域所选 3 个子流域的年最大洪水序列均已表现出明显的下降趋势。此外，所选研究流域内的地形十分复杂，包括黄土丘陵（最高海拔 3866m）、关中平原（海拔 320~800m）以及大城市群。复杂的地形和不同的土地利用类型，加之不同季节的不同暴雨类型，可能会导致流域内存在不同的洪水形成机制，即年最大洪水序列可能来自不同的洪水总体。所选渭河 3 个子流域的详细介绍见 2.4.1 节。

4.5.2　基于时不变混合分布模型的洪水频率分析

基于式（4.2）和式（4.4），本节分别采用 TCMD-T 和 TCMD-F 模型来模拟所选站点的非一致性（非同分布）洪水序列。在两类模型的构建过程中，选用 3 种两参数分布，即两参数的对数正态分布（lognormal，缩写为 LN）、两参数的威布尔分布（Weibull，缩写为 W）、两参数伽马分布（gamma，缩写为

G），以及一种三参数分布，即广义极值分布（GEV）作为子分布的备选分布（表4.1）。因此，考虑子分布的不同组合形式，共构建 10 种 TCMD‐T 模型，其中包含 4 种同质的 TCMD‐T 模型（比如 LN 和 LN 混合），以及 6 种不同质的 TCMD‐T 模型（比如 GEV 和 LN 混合）；共构建 16 种 TCMD‐F 模型（表4.2）。

表 4.1 备 选 子 分 布 表

分布	概 率 密 度 函 数	参数个数
Lognormal (LN)	$f_{LN}(z\|\mu_{LN},\sigma_{LN})=\dfrac{1}{\sqrt{2\pi}\sigma_{LN}}\dfrac{1}{z}\exp\left[-\dfrac{(\ln z-\mu_{LN})^2}{2\sigma_{LN}^2}\right]$ $z>0,\mu_{LN}>0,\sigma_{LN}>0$	2
Gamma (G)	$f_G(z\|\mu_G,\sigma_G)=\dfrac{1}{(\mu_G\sigma_G^2)^{1/\sigma_G^2}}\dfrac{z^{(1/\sigma_G^2-1)}e^{-z/(\mu_G\sigma_G^2)}}{\Gamma(1/\sigma_G^2)}$ $z>0,\mu_G>0,\sigma_G>0$	2
Weibull (W)	$f_W(z\|\mu_W,\sigma_W)=\dfrac{\sigma_W z^{\sigma_W-1}}{\mu_W^{\sigma_W}}\exp\left[-\left(\dfrac{z}{\mu_W}\right)^{\sigma_W}\right]$ $z>0,\mu_W>0,\sigma_W>0$	2
GEV	$f_Z(z\|\mu_{GEV},\sigma_{GEV},\varepsilon_{GEV})=\dfrac{1}{\sigma_{GEV}}\left[1+\varepsilon_{GEV}\left(\dfrac{z-\mu_{GEV}}{\sigma_{GEV}}\right)\right]^{(-1/\varepsilon_{GEV})-1}$ $\exp\left\{-\left[1+\varepsilon_{GEV}\left(\dfrac{z-\mu_{GEV}}{\sigma_{GEV}}\right)\right]^{-1/\varepsilon_{GEV}}\right\}$ $-\infty<z<\infty,-\infty<\mu_{GEV}<\infty,\sigma_{GEV}>0,-\infty<\varepsilon_{GEV}<\infty$	3

表 4.2 本章所构建的备选时不变两组分
混合分布模型 (TCMD)

分布	概 率 密 度 函 数	参数个数
LN‐LN	$f_{LN-LN}(z\|w,\mu_{LN1},\sigma_{LN1},\mu_{LN2},\sigma_{LN2})$ $=wf_{LN}(z\|\mu_{LN1},\sigma_{LN1})+(1-w)f_{LN}(z\|\mu_{LN2},\sigma_{LN2})$ $z>0$	5
G‐G	$f_{G-G}(z\|w,\mu_{G1},\sigma_{G1},\mu_{G2},\sigma_{G2})=wf_G(z\|\mu_{G1},\sigma_{G1})+(1-w)f_G(z\|\mu_{G2},\sigma_{G2})$ $z>0$	5
W‐W	$f_{W-W}(z\|w,\mu_{W1},\sigma_{W1},\mu_{W2},\sigma_{W2})=wf_G(z\|\mu_{W1},\sigma_{W1})+(1-w)f_G(z\|\mu_{W2},\sigma_{W2})$ $z>0$	5

分布	概率密度函数	参数个数
GEV-GEV	$f_{\text{GEV-GEV}}(z\|w,\mu_{\text{GEV1}},\sigma_{\text{GEV1}},\varepsilon_{\text{GEV1}},\mu_{\text{GEV2}},\sigma_{\text{GEV2}},\varepsilon_{\text{GEV2}})$ $=wf_{\text{GEV}}(z\|\mu_{\text{GEV1}},\sigma_{\text{GEV1}},\varepsilon_{\text{GEV1}})+(1-w)f_{\text{GEV}}(z\|\mu_{\text{GEV2}},\sigma_{\text{GEV2}},\varepsilon_{\text{GEV2}})$ $-\infty<z<\infty$	7
LN-G	$f_{\text{LN-G}}(z\|w,\mu_{\text{LN}},\sigma_{\text{LN}},\mu_{\text{G}},\sigma_{\text{G}})=wf_{\text{LN}}(z\|\mu_{\text{LN}},\sigma_{\text{LN}})+(1-w)f_{\text{G}}(z\|\mu_{\text{G}},\sigma_{\text{G}})$ $z>0$	5
LN-W	$f_{\text{LN-W}}(z\|w,\mu_{\text{LN}},\sigma_{\text{LN}},\mu_{\text{W}},\sigma_{\text{W}})=wf_{\text{LN}}(z\|\mu_{\text{LN}},\sigma_{\text{LN}})+(1-w)f_{\text{W}}(z\|\mu_{\text{W}},\sigma_{\text{W}})$ $z>0$	5
G-W	$f_{\text{G-W}}(z\|w,\mu_{\text{G}},\sigma_{\text{G}},\mu_{\text{W}},\sigma_{\text{W}})=wf_{\text{G}}(z\|\mu_{\text{G}},\sigma_{\text{G}})+(1-w)f_{\text{W}}(z\|\mu_{\text{W}},\sigma_{\text{W}})$ $z>0$	5
GEV-L	$f_{\text{GEV-L}}(z\|w,\mu_{\text{GEV}},\sigma_{\text{GEV}},\varepsilon_{\text{GEV}},\mu_{\text{L}},\sigma_{\text{L}})=wf_{\text{GEV}}(z\|\mu_{\text{GEV}},\sigma_{\text{GEV}},\varepsilon_{\text{GEV}})+(1-w)f_{\text{L}}(z\|\mu_{\text{L}},\sigma_{\text{L}})$ $-\infty<z<\infty$	6
GEV-G	$f_{\text{GEV-G}}(z\|w,\mu_{\text{GEV}},\sigma_{\text{GEV}},\varepsilon_{\text{GEV}},\mu_{\text{G}},\sigma_{\text{G}})=wf_{\text{GEV}}(z\|\mu_{\text{GEV}},\sigma_{\text{GEV}},\varepsilon_{\text{GEV}})+(1-w)f_{\text{G}}(z\|\mu_{\text{G}},\sigma_{\text{G}})$ $-\infty<z<\infty$	6
GEV-W	$f_{\text{GEV-W}}(z\|w,\mu_{\text{GEV}},\sigma_{\text{GEV}},\varepsilon_{\text{GEV}},\mu_{\text{W}},\sigma_{\text{W}})=wf_{\text{GEV}}(z\|\mu_{\text{GEV}},\sigma_{\text{GEV}},\varepsilon_{\text{GEV}})+(1-w)f_{\text{W}}(z\|\mu_{\text{W}},\sigma_{\text{W}})$ $-\infty<z<\infty$	6

如图 4.3 所示，对于除 Krinsvatn 站（ID：133.7）之外的所有站点来说，相较于采用时不变单一分布模型，时不变混合分布模型（无论是 TCMD-T 还是 TCMD-F）总能得到最小的 AIC 值。特别地，两组分的 GEV 混合分布模型（GEV-GEV）在约 2/3 的站点都能够得到最优的效果。此外，相较于 TCMD-F 模型，我们可以发现基于 AIC 准则，在除 Rygenetotal 站（ID：19.127）以外的其他站点，TCMD-T 模型都能够得到更优的模型拟合效果。图 4.4 分别给出了本章所采用的时不变单一分布模型和时不变混合分布模型的 Bootstrap-KS 检验的统计量 D_{ks}［图 4.4（a）］、Bootstrap-KS 检验的 p-值［图 4.4（b）］、改进的确定性系数 R_{a}^2［图 4.4（c）］。总体来说，所有的 TCMD-T 模型比时不变单一分布模型表现要好，因为它们有着更高的 R_{a}^2，更高的 p 值以及更小的 D_{ks} 值。同时，几乎一半的 TCMD-F 模型可以得到和时不变单一分布模型相当或更高的 R_{a}^2、p 值以及更小 D_{ks} 值。此外，基于 R_{a}^2、D_{ks} 和 p 值 3 种拟合优度准则，还可以发现无论是对于 TCMD-T 还是 TCMD-F 模型，3 种非同质的混合形式，即 LN-G、GEV-LN 和 GEV-G 以及一种同质混合形式 GEV-GEV，都能够得到足够好的拟合效果。

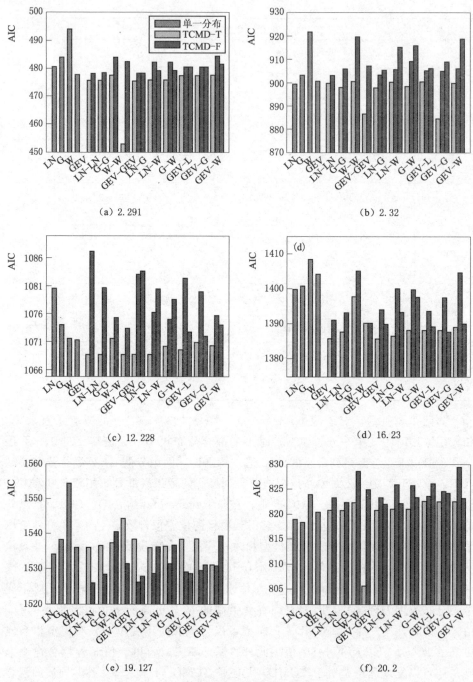

图 4.3（一）　所选 12 站点构建的时不变单一分布模型、
TCMD－T 模型及 TCMD－F 模型的 AIC 值

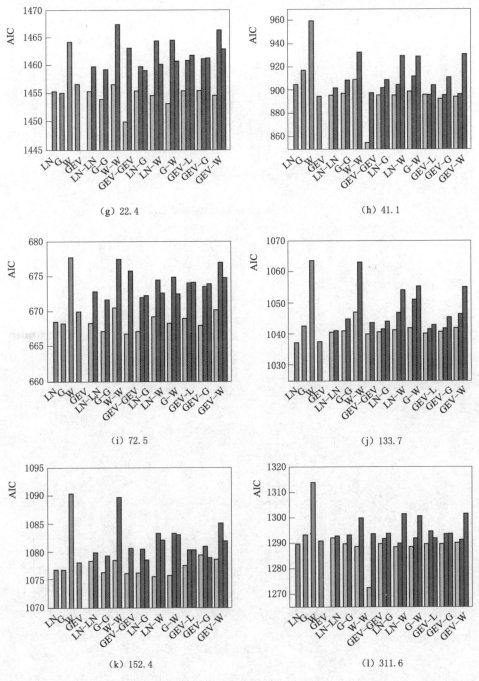

(g) 22.4

(h) 41.1

(i) 72.5

(j) 133.7

(k) 152.4

(l) 311.6

图 4.3（二）　所选 12 站点构建的时不变单一分布模型、
TCMD－T 模型及 TCMD－F 模型的 AIC 值

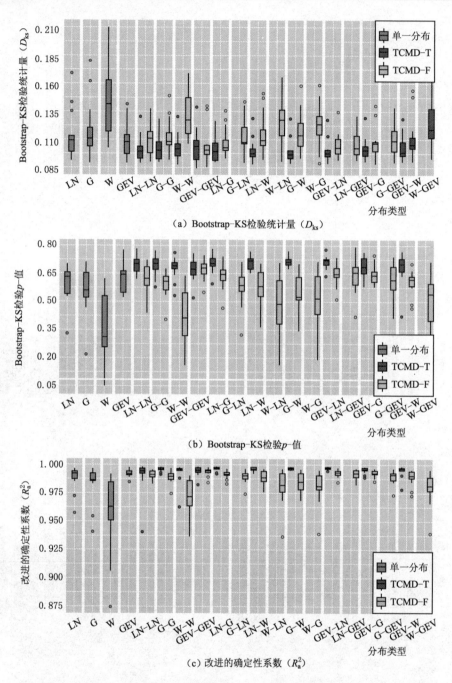

（a）Bootstrap-KS检验统计量（D_{ks}）

（b）Bootstrap-KS检验p值

（c）改进的确定性系数（R_a^2）

图 4.4   所有时不变单一分布模型和时不变混合分布模型（TCMD - T 与 TCMD - F）
的 bootstrap-KS 检验的统计量 D_{ks}、相应的 p 值、R_a^2 值的箱线图

　　基于以上分析，我们可以得到结论：TCMD－T 模型和 TCMD－F 模型的表现都要优于时不变单一分布模型。然而，必须指出的是 TCMD－F 模型的表现并不像 TCMD－T 模型那样好。为了进一步地探讨背后的原因，我们分析了 TCMD－T 和 TCMD－F 模型参数的差异。总体来说，TCMD－F 模型的参数要比 TCMD－T 的参数大（图 4.5）。特别地，最大的高估出现在对权重系数 w 和尺度参数 σ 的估计上，而最大的低估则出现在对 GEV 子分布形状参数的估计上。此外，TCMD－T 模型估计的模型参数的变化区间通常要比 TCMD－F 模型的大（图 4.6），特别是对于权重系数 w 来说。这是因为在 TCMD－F 模型中它是不需要优化估计的固定值。显然地，TCMD－T 和 TCMD－F 模型参数的差异主要是因为在 TCMD－F 模型中我们对洪水形成机制进行了提前的划分。因此，TCMD－F 模型的不完美的表现可能来源于洪水机制划分过程中的不确定性以及用来估计子分布参数的样本量的减少所带来的不确定性。

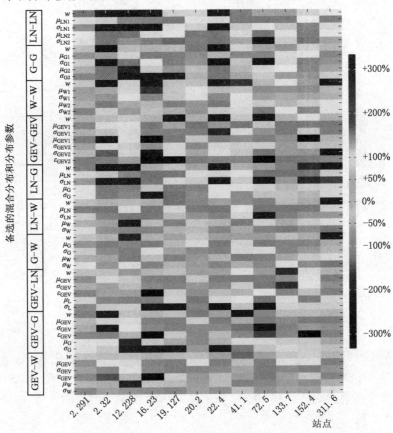

图 4.5　TCMD－F 模型参数和 TCMD－T 模型参数相对变化的热度图
（使用 TCMD－F 模型的参数值减去 TCMD－T 模型的参数值，
然后除以 TCMD－T 模型的参数值）

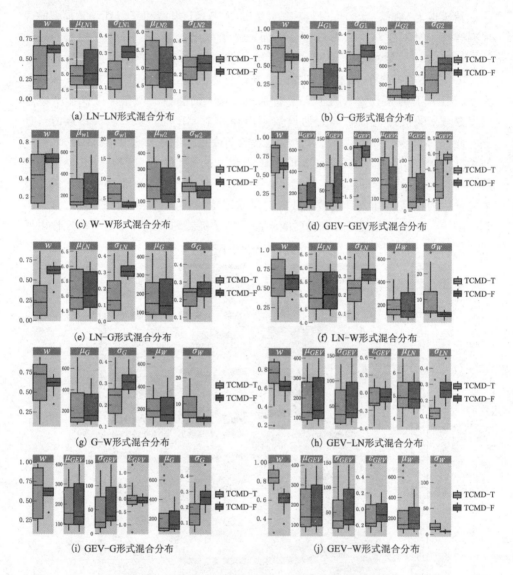

图 4.6 TCMD-F 和 TCMD-T 模型参数的箱线图

图 4.7 给出了各站点依据 TOPSIS 准则所选取的最优时不变单一分布模型、排名前两位的 TCMD-T 模型，以及排名前两位的 TCMD-F 模型的经验概率和理论概率密度曲线。可以发现实测的年最大洪水序列存在着 3 种不同的分布特征类型，包括单峰偏态分布（比如 41.1 站和 133.7 站）、单峰峰态分布（比如 72.5 站）、非对称双峰分布类型（12.228 站、16.23 站和 19.127 站）。McLachlan 等（2000）给出了不同分布特征类型的详细描述。总体来说，年最

大洪水序列所表现出来的这几种分布特征，特别是单峰峰态分布和非对称双峰分布类型难以被时不变单一分布模型很好地模拟，却可以被时不变混合分布模型很好地描述。特别地，通过选择合适的子分布，TCMD-T 模型可以更好地模拟年最大洪水序列表现出来的复杂偏态类型和尾部特性。

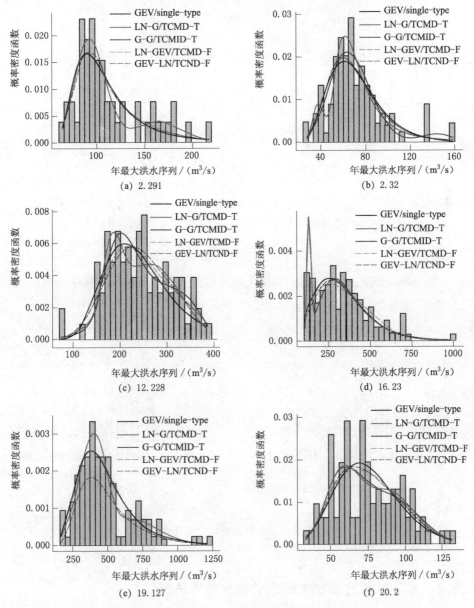

图 4.7（一）　最优时不变单一分布模型、排名前两位的 TCMD-T 模型、排名前两位的 TCMD-F 模型的经验频率和理论概率密度曲线

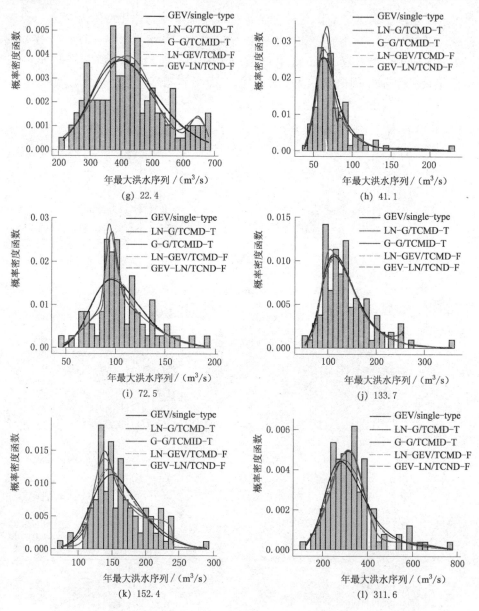

图 4.7（二） 最优时不变单一分布模型、排名前两位的 TCMD - T 模型、
排名前两位的 TCMD - F 模型的经验频率和理论概率密度曲线

4.5.3 基于时变混合分布模型的洪水频率分析

1. 年最大洪水序列的季节性检验

在进行混合分布模拟之前，需要首先检验待研究洪水极值序列是否来自不

同的洪水总体。与3.1节一样，本节采用季节性分析来检验渭河流域所选3个水文测站的洪水极值序列是否存在不同的洪水形成机制。在稳健的季节性分析之前，分别对华县水文站（1951—2012年）、咸阳水文站（1954—2010年）、张家山水文站（1954—2012年）的年最大洪水序列进行初步的季节性检验。对发生在4个不同的季节，即冬季（12月、1月和2月），春季（3月、4月和5月），夏季（6月、7月和8月），秋季（9月、10月和11月）的年最大洪水事件的数量进行统计。结果显示，对于张家山站来说，88.1%的年最大洪水事件发生在夏季，表现出明显的季节聚集性，而对于华县站（夏季58.6%，秋季37.9%）和咸阳站（夏季56.1%，秋季38.6%）来说，大部分的年最大洪水事件都发生在夏季和秋季两个季节，表现出一定程度的季节变异性（图4.8）。由于不同季节的降雨类型和下垫面条件均不同，因此年最大洪水序列中可能存在着不同的洪水形成机制。在进行更稳健的季节性检验之前，初步的季节性检验结果说明华县站和咸阳站可能存在不同的洪水形成机制。此外，从图4.8中还可以发现，各站点夏季和秋季的洪水序列均存在着不同程度的下降趋势。其中华县站的夏季洪水表现出明显的下降趋势，秋季洪水的趋势不如夏季洪水明显［图4.8（d）］；咸阳站夏季洪水和秋季洪水均表现出明显的下降趋势［图4.8（e）］；张家山站夏季洪水趋势不如秋季洪水趋势明显［图4.8（f）］。

接下来，本书3.1节中介绍的圆形统计法进行更稳健、更详细的季节性分析，图3.1给出了圆形数据探索性分析及其模型类型统计推断的流程图。依据该流程图，首先对表示洪水事件发生时间的圆形数据进行图形展示，将其绘制在单位圆上，并采用核密度曲线来估计其潜在的总体密度，这有助于季节变异性和季节聚集性的直观展示。如图4.9所示，5—10月，华县站圆形数据的核密度曲线相对光滑，说明洪水事件在该时段内分布较为均匀［图4.9（a）］；5—9月，张家山站的核密度曲线表现出明显的凸起，说明洪水事件在该时段内分布较为集中［图4.9（c）］；不同于上述两站，咸阳站的核密度曲线表现出明显的双峰形式，分别集中在5—7月和8—10月［图4.9（b）］，表明咸阳站洪水事件存在由两个时期主导的季节变异性，进一步证明咸阳站存在由不同洪水机制产生的混合洪水总体。

洪水样本平均方向$\overline{\Omega}$和平均合成长度$\overline{r}$能够给研究人员提供洪水事件的平均发生时间和季节聚集性强度的信息。见表4.3和图4.9中，华县站和咸阳站洪水的平均发生时间均为8月14日，而张家山站洪水的平均发生时间为8月1日。洪水平均合成长度$\overline{r}$值计算结果表明，张家山站洪水季节聚集性最强，$\overline{r}$值高达0.92，华县站次之，$\overline{r}$为0.80，咸阳站最小，为0.78。

圆形模型统计推断结果显示（表4.3），基于4种综合性统计检验（Ray-

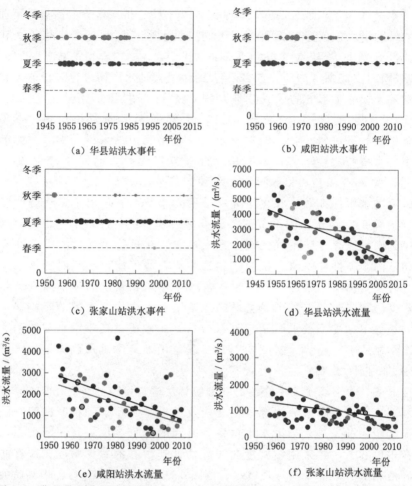

图 4.8 华县站、咸阳站及张家山站初步季节性分析［(a)、(b) 和 (c) 图中的实心圆圈的尺寸代表洪水事件的量级，圆圈越大，洪水量级越大，反之亦然］

leigh，Kuiper，Watson 和 Rao spacing 检验），三站均在 0.05 的显著性水平下拒绝了圆形数据服从均匀性模型的零假设。随后，由于样本量大于 50，采用基于渐进理论的检验方法来检验洪水样本是否服从反射对称模型。如表 4.3 所列，咸阳站的年最大洪水序列（$p = 0.038$）可以在 0.05 的显著性水平下拒绝其服从反射对称模型的零假设，华县站（$p = 0.070$）和张家山站（$p = 0.156$）的年最大洪水序列则在 0.05 的显著性水平下接受其服从反射对称模型的零假设。根据圆形模型的统计推断结果，我们认为咸阳站的圆形数据服从非对称或者多峰模型（单峰对称和非对称模型的有限混合形式），从而证明了咸阳水文站存在不同洪水形成机制。因此，在接下来的研究中，以咸阳站 1954—2010 年的年最大洪水序列作为研究对象。

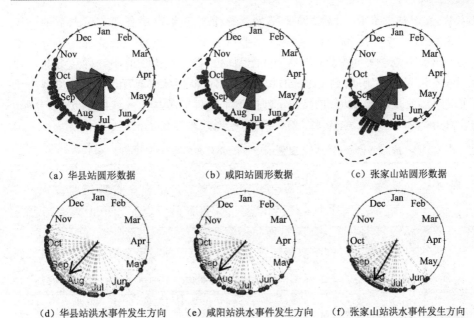

（a）华县站圆形数据　　（b）咸阳站圆形数据　　（c）张家山站圆形数据

（d）华县站洪水事件发生方向　（e）咸阳站洪水事件发生方向　（f）张家山站洪水事件发生方向

图 4.9　华县站、咸阳站及张家山站圆形数据的图形展示（单位圆周围的点据代表圆形数据，
其堆积在圆周上表示洪水事件的发生日期。圆圈中间的扇形图为玫瑰图，扇形图的
面积表示圆形数据的频率。圆圈周围的虚线表示估计的核密度曲线。指向圆周上
圆形数据的虚线表示单位向量，箭头表示所有单位向量的平均合成长度 $\bar{r}$）

表 4.3　　　　　华县站、咸阳站、张家山站年最大洪水序列基于
圆形统计分析的季节性检验结果

站点名	基本的圆形统计		均 匀 性 检 验				非对称性检验
	$\overline{\Omega}$（弧度）	$\bar{r}$	Rayleigh	Kuiper	Watson	Rao spacing	基于渐进理论的检验
华县	3.89（8 月 14 日）	0.80	0.803**	4.921**	2.223**	214.25**	1.81（p 值＝0.070）*
咸阳	3.90（8 月 14 日）	0.78	0.775**	4.542**	1.890**	211.69**	2.08（p 值＝0.038）**
张家山	3.68（8 月 1 日）	0.92	0.917**	5.509**	3.079**	251.29**	1.42（p 值＝0.156）

注　1. 表中数值为各检验的统计量，＊＊表示 $p<0.05$，＊表示 $0.05<p<0.1$。
　　2. 其中零点方向为从 x 轴逆时针旋转 $\pi/2$ 的位置。

2. 采用时间协变量的时变混合分布模型

本节选用时间 t 作为协变量，应用时变混合分布（TTMD）模型来描述咸阳
站年最大洪水序列的非一致性。考虑到不同子分布的组合形式（G-G、W-W
以及 G-W）和模型参数的变化形式（图 4.2 中变化形式 1～8），在咸阳站总共
建立起 24 个以时间 t 作为协变量的 TTMD 模型，并采用基于模拟退火算法的

MHML 方法估计 TTMD 模型的时变参数。表 4.4 给出了各变化情景下的 AIC 值和 SBC 值。结果表明，对于咸阳站，除了仅尺度参数时变的情况，子分布参数或者权重系数随时间变化的 TTMD 模型的表现均要优于时不变混合分布。此外，总体来说，使用时间协变量的最优 TTMD 模型的 AIC 值和 SBC 值远小于采用时间协变量的最优时变单一分布模型（2.4.3 节中非一致性 gamma 分布，AIC 值为 931.0，SBC 值为 939.2），表明模型效果得到了提高。

表 4.4 　　**咸阳站以时间 t 为协变量的时变混合分布模型 AIC 和 SBC 值**

权重系数	时 变 参 数	G - W		G - G		W - W	
		AIC	SBC	AIC	SBC	AIC	SBC
$w^t \sim 1$	$g(\mu_i) \sim 1, g(\sigma_i) \sim 1$	953.3	963.5	947.2	957.4	945.2	955.4
$w^t \sim 1$	$g(\mu_i) \sim t, g(\sigma_i) \sim 1$	938.9	953.2	938.6	952.9	929.7	944.0
$w^t \sim 1$	$g(\mu_i) \sim 1, g(\sigma_i) \sim t$	951.5	965.8	948.0	962.3	951.2	965.5
$w^t \sim 1$	$g(\mu_i) \sim t, g(\sigma_i) \sim t$	917.8	936.1	**900.5**	**918.9**	917.1	935.5
$w^t \sim t$	$g(\mu_i) \sim 1, g(\sigma_i) \sim 1$	939.0	951.3	938.3	950.5	939.2	951.5
$w^t \sim t$	$g(\mu_i) \sim t, g(\sigma_i) \sim 1$	937.9	954.2	918.2	934.5	938.4	954.8
$w^t \sim t$	$g(\mu_i) \sim 1, g(\sigma_i) \sim t$	941.2	957.5	923.4	939.7	939.3	955.6
$w^t \sim t$	$g(\mu_i) \sim t, g(\sigma_i) \sim t$	937.2	957.7	904.8	925.2	932.9	953.4

根据 AIC 和 SBC 值可知，权重系数 w^t 不变，而位置参数 μ_i 和尺度参数 σ_i 均为时变的 gamma 和 gamma 混合组成的 TTMD 模型是使用时间协变量的最优模型（表 4.4），模型的分布参数可以表达为式（4.16）：

$$
\left.
\begin{aligned}
& w^t = 1/[1 + \exp(-3.3112)] \\
& \ln \mu_1^t = 8.0474 - 0.0257(t - 1953) \\
& \ln \sigma_1^t = -0.8684 + 0.0086(t - 1953) \quad (t = 1954 \sim 2010) \\
& \ln \mu_2^t = 6.8956 + 0.0209(t - 1953) \\
& \ln \sigma_2^t = -2.7512 - 0.2074(t - 1953)
\end{aligned}
\right\} \quad (4.16)
$$

式中下角 1 和 2 分别表示第一个和第二个 gamma 子分布。接下来，采用 Q - Q 图、worm 图和百分位数曲线图、Filliben 相关系数对挑选出的最优模型的表现进行定性以及定量的评估。

Q - Q 图的结果显示，出了上端个别点外，大部分的点据都分布在 1:1 线附近 [图 4.10（a）]。worm 图结果显示，图中所有点据均分布在 95% 置信区间内 [图 4.10（b）]。在百分位数曲线图中，对于咸阳站最优的时变 gamma 和 gamma 混合分布，位于 5th、25th、50th、75th 和 95th 百分位数曲线下方的实测点据所占比例分别为 7.0%、29.8%、45.6%、70.2% 和 93%，实际概率覆盖率与理论覆盖率之间的偏差均在 5% 以内 [图 4.10（c）]。模型标准化正态理论残差和经验残差序列的 Filliben 相关系数为 0.995 ［图 4.10（d）］，表明模型理论残差与经验残差相关性较好，残差序列服从标准正态分布，所构建模型较为合理。

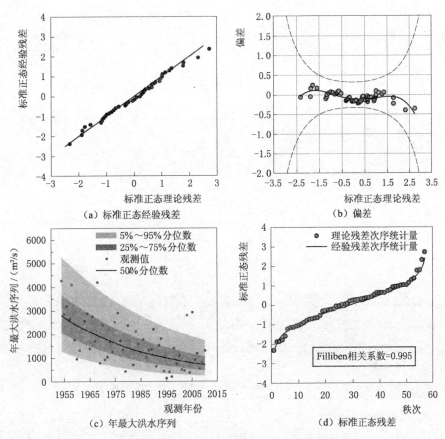

（a）标准正态经验残差　　（b）偏差

（c）年最大洪水序列　　（d）标准正态残差

图 4.10　咸阳站使用时间协变量的最优 TTMD 模型的拟合优度检验图

3. 采用物理协变量的时变混合分布模型

本节选用年总人口 *pop* 和年总降雨量 *prec* 作为协变量，应用 TTMD 模型来描述咸阳站年最大洪水序列的非一致性。考虑到不同子分布的组合形式（G-G、W-W 以及 G-W）、模型参数的 8 种变化形式（图 4.2 中变化形式 1～8）以及协变量的选取（*pop* 和/或 *prec* 协变量），在咸阳站总共建立起 66 个使用物理协变量的 TTMD 模型（表 4.5），其中包括 3 个时不变混合分布（表 4.5 中变化情景 1），21 个使用 *prec* 协变量的 TTMD 模型（表 4.5 中变化情景 2～8），21 个使用 *pop* 协变量的 TTMD 模型（表 4.5 中变化情景 9～15），21 个同时使用 *pop* 和 *prec* 协变量的 TTMD 模型（表 4.5 中变化情景 16～22）。采用基于模拟退火算法的 MHML 方法估计 TTMD 模型的时变参数。

表 4.5　　　　　　　咸阳站以 pop 和 $/prec$ 为协变量的
时变混合分布模型 AIC 和 SBC 值

变化情景	权重系数	时 变 参 数	G - W		G - G		W - W	
			AIC	SBC	AIC	SBC	AIC	SBC
1	$w^t \sim 1$	$g(\mu_i) \sim 1, g(\sigma_i) \sim 1$	953.3	963.5	947.2	957.4	945.2	955.4
2	$w^t \sim 1$	$g(\mu_i) \sim prec, g(\sigma_i) \sim 1$	907.7	922.0	907.1	921.4	903.8	918.1
3	$w^t \sim 1$	$g(\mu_i) \sim 1, g(\sigma_i) \sim prec$	924.6	938.9	926.7	941.0	940.6	954.9
4	$w^t \sim 1$	$g(\mu_i) \sim prec, g(\sigma_i) \sim prec$	906.3	924.7	906.3	924.7	906.7	925.1
5	$w^t \sim prec$	$g(\mu_i) \sim 1, g(\sigma_i) \sim 1$	915.8	928.1	915.9	928.1	935.4	947.7
6	$w^t \sim prec$	$g(\mu_i) \sim prec, g(\sigma_i) \sim 1$	898.7	915.0	910.2	926.6	901.0	917.3
7	$w^t \sim prec$	$g(\mu_i) \sim 1, g(\sigma_i) \sim prec$	916.0	932.3	916.5	932.9	915.7	932.0
8	$w^t \sim prec$	$g(\mu_i) \sim prec, g(\sigma_i) \sim prec$	894.3	914.7	896.7	917.1	895.9	916.3
9	$w^t \sim 1$	$g(\mu_i) \sim pop, g(\sigma_i) \sim 1$	912.0	926.3	919.2	933.5	920.5	934.8
10	$w^t \sim 1$	$g(\mu_i) \sim 1, g(\sigma_i) \sim pop$	946.1	960.5	946.7	961.0	946.4	960.7
11	$w^t \sim 1$	$g(\mu_i) \sim pop, g(\sigma_i) \sim pop$	915.2	933.6	908.0	926.4	927.7	946.1
12	$w^t \sim pop$	$g(\mu_i) \sim 1, g(\sigma_i) \sim 1$	939.0	951.2	938.2	950.5	939.2	951.5
13	$w^t \sim pop$	$g(\mu_i) \sim pop, g(\sigma_i) \sim 1$	921.3	937.6	910.6	927.0	938.6	955.0
14	$w^t \sim pop$	$g(\mu_i) \sim 1, g(\sigma_i) \sim pop$	938.9	955.2	939.0	955.4	943.2	959.5
15	$w^t \sim pop$	$g(\mu_i) \sim pop, g(\sigma_i) \sim pop$	930.6	950.8	933.6	954.0	916.3	936.8
16	$w^t \sim 1$	$g(\mu_i) \sim pop + prec, g(\sigma_i) \sim 1$	902.8	921.2	886.8	905.2	896.0	914.4
17	$w^t \sim 1$	$g(\mu_i) \sim 1, g(\sigma_i) \sim pop + prec$	942.2	960.6	937.8	956.2	943.6	962.0
18	$w^t \sim 1$	$g(\mu_i) \sim pop + prec, g(\sigma_i) \sim pop + prec$	890.8	917.3	**876.3**	**902.9**	905.1	931.7
19	$w^t \sim pop + prec$	$g(\mu_i) \sim 1, g(\sigma_i) \sim 1$	909.9	924.2	911.0	925.3	912.2	926.5
20	$w^t \sim pop + prec$	$g(\mu_i) \sim pop + prec, g(\sigma_i) \sim 1$	900.7	923.2	888.7	911.2	894.6	917.0
21	$w^t \sim pop + prec$	$g(\mu_i) \sim 1, g(\sigma_i) \sim pop + prec$	915.5	938.0	926.7	949.1	910.7	933.2
22	$w^t \sim pop + prec$	$g(\mu_i) \sim pop + prec, g(\sigma_i) \sim pop + prec$	901.7	932.4	901.7	932.4	892.7	923.4

　　表 4.5 给出了各变化情景下的 TTMD 模型的 AIC 值和 SBC 值，由表可知，权重系数 w^t 不变，而位置参数 μ_i^t 和尺度参数 $\sigma_i^t (i = 1, 2)$ 均随 pop 和 $prec$ 协变量变化的 gamma 和 gamma 混合组成的 TTMD 模型为最优模型。最优模型的分布参数见式 (4.17)：

$$w^t = 1/[1 + \exp(-3.2632)]$$

$$\ln \mu_1^t = 7.3169 - 0.2448 pop_t + 0.4480 prec_t$$

$$\ln \sigma_1^t = -0.8474 + 0.1194 pop_t - 0.0532 prec_t \quad (t = 1954 \sim 2010)$$

$$\ln \mu_2^t = 5.7559 - 0.7618 pop_t + 0.5868 prec_t$$

$$\ln \sigma_2^t = -1.4994 + 2.9998 pop_t - 4.9994 prec_t$$

$$\tag{4.17}$$

式中下角 1 和 2 分别表示第一个和第二个 gamma 子分布。随后，仍分别采用 Q-Q 图、worm 图和百分位数曲线图、Filliben 相关系数等拟合优度检验指标定性地、定量地评估最优 TTMD 模型的表现。

Q-Q 图的结果显示，基本上所有的点据都能较好地分布在 1∶1 线附近 [图 4.11 （a）]。worm 图中所有点据均分布在 95％ 置信区间内 [图 4.11 （b）]，并且曲线较为平缓。百分位数曲线图的概率覆盖率结果显示，咸阳站最优的时变 gamma 和 gamma 混合分布（使用物理协变量）模拟得到的 5th、25th、50th、75th 和 95th 百分位数曲线所覆盖的实测点据比例分别为 7.0％、24.6％、

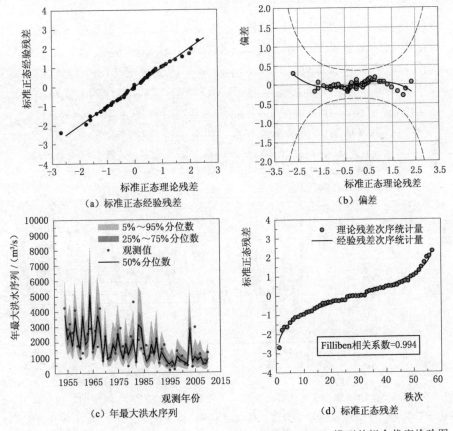

（a）标准正态经验残差　　　　　　　（b）偏差

（c）年最大洪水序列　　　　　　　（d）标准正态残差

图 4.11　咸阳站使用物理协变量（*pop* 和 *prec*）的最优 TTMD 模型的拟合优度检验图

45.6%、77.2%和93%，实际概率覆盖率与理论覆盖率之间的偏差均在5%以内。此外，模型标准化正态理论残差和经验残差序列的 Filliben 相关系数为 0.994，很好地通过了 Filliben 相关性检验。上述检验结果定性和定量地说明本章构建的最优时变混合分布模型较为合理，能够很好地模拟咸阳站年最大洪水序列的变化。

图 4.12 比较了针对咸阳站年最大洪水序列建立的不同概率分布模型的表现，即采用 pop 和 prec 协变量的 TTMD 模型、采用时间 t 协变量的最优 TTMD 模型、最优时变单一分布模型、最优时不变混合分布模型和最优时不变单一分布模型。结果表明，时变概率分布模型，无论是时变单一分布模型还是时变混合分布模型的效果均要优于时不变混合分布模型和时不变单一分布模型，表明在变化环境下，时变概率分布模型能够更好地模拟咸阳站年最大洪水序列的非一致性。此外，从图 4.12 中还可发现，无论是时变单一分布模型还是时变混合模型，采用物理协变量的最优模型的表现都要优于采用时间协变量的最优模型。通过进一步的分析可知，对于咸阳站采用物理协变量的 TTMD 模型来说，同时采用 pop 和 prec 协变量的 TTMD 模型整体效果往往最好，仅采用 prec 协变量的 TTMD 模型效果次之，而仅采用 pop 协变量的 TTMD 模型效果最差，这表明不同协变量的解释能力存在差异。不仅如此，从 AIC 值和 SBC 值的结果来看，统计参数或者权重系数同时随 pop 和 prec 协变量变化的 TTMD 模型的效果也要优于最优的采用时间协变量的 TTMD 模型，以及最优的时变单一分布模型（采用 pop 和 prec 作为协变量）。此外，通过对比图 4.12（a）和 4.12（b）还可发现，如果仅从 AIC 值的角度来看，共有 6 种变化情景下的采用物理协变

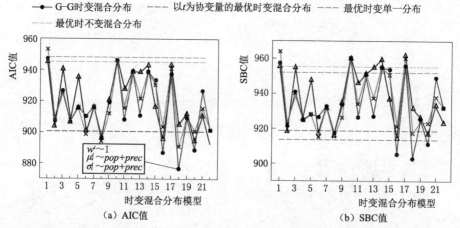

图 4.12　咸阳站使用物理协变量的各变化情景下 TTMD 模型的 AIC 值和 SBC 值与使用 t 的最优 TTMD 模型、最优时变单一分布、最优时不变混合分布及最优时不变单一分布的比较
［x 轴上的数值对应 22 种变化情景，最优的时变分布模型为图（a）中黑框所示。］

量的 TTMD 模型的表现优于最优的时变单一分布模型，而如果再从 SBC 值的角度来看，表现优于最优的时变单一分布模型的变化情景减少为仅有 3 个。这表明众多的模型参数降低了 TTMD 模型的表现。

4.6　本　章　小　结

本章采用两类时不变混合分布模型，TCMD－T 和 TCMD－F 模型分别拟合所选挪威 12 个站点的非一致性（非同分布）洪水序列。结果表明，TCMD－T 模型和 TCMD－F 模型的表现都要优于时不变单一分布模型，均能够很好地描述年最大洪水序列表现出的单峰峰态分布类型和非对称双峰分布类型。通过选择合适的子分布，TCMD－T 模型可以更好地模拟年最大洪水序列表现出来的复杂偏态类型和尾部特性。TCMD－F 的模型表现没有 TCMD－T 模型好，这可能来源于洪水类型划分过程中的不确定性以及用来估计子分布参数的样本量的减少所带来的不确定性。尽管如此，我们认为在洪水频率分析中考虑明确的划分子序列，有助于提高混合分布模型的物理意义。

为了考虑非一致性洪水频率分析中可能存在的所有情形，即统计参数和分布线型同时变化的情形，在时不变混合分布模型的基础上，本章介绍了时变混合分布模型（TTMD）。以 gamma 和 Weibull 分布作为子分布构建 TTMD 模型。采用时间和物理协变量，即年总人口（*pop*）和年总降水量（*prec*）作为解释变量来描述权重系数和子分布统计参数的变化特征。此外，本章介绍了一种结合了模拟退火算法（SAA）和极大似然估计（MLE）的元启发式极大似然算法（MHML）估计 TTMD 模型中大量的模型参数。作为案例研究，应用 TTMD 模型研究了渭河咸阳站子流域年最大洪水序列的非一致性，并和时不变单一分布模型、时不变混合分布模型以及时变单一分布模型的表现进行比较。

本章首先采用季节性分析检验研究区年最大洪水序列是否来自不同的洪水总体。无论是初步的季节性检验结果，还是稳健的圆形模型统计推断结果均表明，张家山水文站（1954—2012 年）的年最大洪水序列表现出最明显的季节聚集性，88.1% 的年最大洪水事件发生在夏季（6—8 月）；华县站水文站（夏季 58.6%，秋季 37.9%）和咸阳站（夏季 56.1%，秋季 38.6%）均表现出季节变异性，但是仅咸阳站的年最大洪水序列（p 值 $=0.038$）可以在 0.05 的显著性水平下拒绝反射对称模型假设，据此认为咸阳站的圆形数据服从非对称或者多峰模型（单峰对称和非对称模型的有限混合形式），从而证明了咸阳水文站存在不同洪水形成机制。此外，非一致性诊断结果表明咸阳站年最大洪水序列、夏季洪水序列和秋季洪水序列均表现出明显的下降趋势。

通过比较采用时间/物理协变量的 TTMD 模型、最优时变单一分布模型、最优时不变混合分布模型和最优时不变单一分布模型，本章发现，时变概率分布模型，无论是时变单一分布模型还是时变混合分布模型的整体表现均要优于时不变混合分布模型和时不变单一分布模型，表明在变化环境下，时变概率分布模型能够更好地模拟咸阳站年最大洪水序列的非一致性。在时变概率分布模型中，采用 pop 和 $prec$ 协变量的最优 TTMD 模型的表现要优于采用时间协变量的最优 TTMD 模型，及最优的时变单一分布模型（采用 pop 和 $prec$ 协变量）。

　　从协变量的角度进行分析，本章发现，无论是对于时变单一分布模型还是 TTMD 模型，采用物理协变量的最优模型的表现都要优于采用时间协变量的最优模型。进一步分析表明，对于咸阳站采用物理协变量的 TTMD 模型来说，同时采用 pop 和 $prec$ 协变量的 TTMD 模型整体效果往往最好，仅采用 $prec$ 协变量的 TTMD 模型效果次之，而仅采用 pop 协变量的 TTMD 模型效果最差，充分说明了采用具有不同解释能力的协变量对模型效果的影响。

5 非一致性设计洪水值推求

5.1 基于时不变概率分布模型的水文设计方法

在基于一致性假设的传统洪水频率分析中，水文极值变量 Z 服从时不变单一概率分布 $F_Z(z,\boldsymbol{\theta})$，$\boldsymbol{\theta}$ 为固定不变的统计参数向量组。研究人员基于历史观测数据推求洪水极值序列所服从的概率分布函数，从而建立洪水事件的量级及其发生概率之间的联系，并假设在未来水利工程运行时期 $T_1 \sim T_2$ 内发生超过设计值 $z_q(m)$ 的洪水事件的概率 $p_0 = 1/m$ 在每年都是一样的，如图 5.1 所示。依据洪水频率分析的计算成果，研究人员和工程师们可以开展两方面的工作：①推求给定设计重现期 m 对应的设计洪水值 $z_q(m) = F^{-1}(1-1/m, \boldsymbol{\theta})$；②对于某一给定量级的洪水事件，反算其对应的设计重现期。在一致性条件下，研究人员已经建立起了一套较为成熟和完备的重现期及设计值计算理论，基于重现期，重现水平和年超过概率的概念解决了工程设计中的许多实际问题。

4.1 节研究的基于时不变混合分布模型的非一致性频率分析方法，仅考虑了由于洪水类型差异导致的分布线型的变化，而没有考虑统计参数在未来工程设计年限内的时变特征，其本质上仍为时不变概率分布模型。因此，当基于时不变混合分布模型进行洪水频率分析时，仍可采用传统的一致性条件下的设计值计算理论。对于一定长度的重现期 m，其相应的设计洪水量级为

$$
\begin{aligned}
z_q(m) &= F_{\text{TCMD}}^{-1}(1-1/m \mid \boldsymbol{\theta}, w) \\
&= wF_1^{-1}(1-1/m \mid \boldsymbol{\theta}_1) + (1-w)F_2^{-1}(1-1/m \mid \boldsymbol{\theta}_2)
\end{aligned} \tag{5.1}
$$

其中：$F_{\text{TCMD}}^{-1}(\cdot)$ 表示时不变混合分布模型（TCMD-T 模型与 TCMD-F 模型）的累积概率分布函数的逆函数，$F_1^{-1}(\cdot)$ 和 $F_2^{-1}(\cdot)$ 分别表示第 1 个子分布和第 2 个子分布的累积概率分布函数的逆函数。参数向量组 $\boldsymbol{\theta} = \{\boldsymbol{\theta}_1, \boldsymbol{\theta}_2\}$ 代表的是两个子分布的分布参数。

为了进一步研究基于洪水时间尺度进行子序列划分对最终设计洪水值的影响，本章分别采用两类时不变混合分布模型，即 TCMD-T 和 TCMD-F 模型推求设计洪水值，并比较二者推求的设计值及其不确定性的差异。

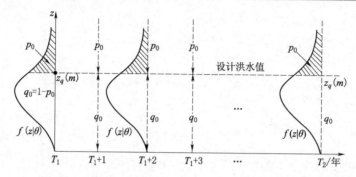

图 5.1 一致性条件下对应重现期为 m 的设计值 $z_q(m)$ 及未来时期 $T_1 \sim T_2$ 内
每年的超过概率 p_0 示意图（熊立华等，2018）

5.2 基于时变概率分布模型的水文设计方法

当采用时变概率分布模型，比如应用最为广泛的时变单一分布模型、或者时变混合分布模型来刻画洪水极值序列的非一致性时，如图 5.2 所示，在未来水利工程运行时期 $T_1 \sim T_2$ 内水文极值变量 Z 所服从的累积概率分布 $F_Z(z, \boldsymbol{\theta}_t)$ 及发生超过设计值 $z_q(m)$ 的洪水事件的概率 p_t 每年都在变化。如何确定给定设计值 $z_q(m)$ 在非一致性条件下的重现期 m 是研究的核心问题之一。以时变单一分布模型为例，考虑到其概率分布的时变特征，此时，如果我们仍然按照传统一致性条件下重现期的定义推求设计值或重现期，那么对于给定的重现期 m，其相应的非一致性设计洪水值 $z_{q,t}(m)$ 可以表示为 $z_{q,t}(m) = F^{-1}(1 - 1/m, \boldsymbol{\theta}_t)$，如图 5.3（a）所示，每年都有一个设计值 $z_{q,t}(m)$ 与之对应；同样的，对于给定的设计值 $z_q(m)$，第 t 年的重现期 m_t 可以表示为 $m_t = 1/p_t = 1/\{1 - F_Z[z_q(m) \mid \boldsymbol{\theta}_t]\}$，$p_t$ 为第 t 年的超过概率，如图 5.3（b）所示，每年都有一个重现期与之对应。综上所述，在变化环境下，如果采用时变概率分布模型进行非一致性频率分析，重现期和设计值之间将不再是一一对应的关系。显然，这样的时变设计值（时变重现期）不能使人信服，并且难以应用到实际的工程水文设计问题中（熊立华等，2018）。水文设计方法本身与采用何种时变概率分布模型无关，因此，本章以模型结构相对简单的时变单一分布模型为例，介绍如何推求变化环境下的非一致性设计洪水值。

熊立华等（2018）和 Yan 等（2017b）详细地介绍并比较了 4 种不同的非一致性设计方法在推求非一致性设计洪水值时的差异。本节主要介绍当前存在的非一致性设计洪水计算方法，包括：期望超过次数法（ENE）(5.2.1 节)、期望等待时间法（EWT）(5.2.2 节)、设计年限水平法（DLL）(5.2.3 节)、等可靠度法（ER）(5.2.4 节)，设计年限平均值法（ADLL）(5.2.5 节)。需要指出的是，上述方法中，ENE、EWT 和 ER 方法是基于重现期的设计方法，而 DLL 和 ADLL 方法则是基于风险/可靠度的设计方法，本章采用代表性可靠度 RRE 的概念，将不同的方法统一在以重现期为基础的方法框架下，即 $m = 1/(1 - RRE)$，不同设计方法有着不同的 RRE（熊立华等，2018）。

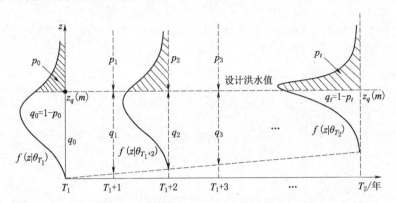

图 5.2　非一致性条件下对应重现期为 m 的设计值 z_q（m）及未来时期 $T_1 \sim T_2$ 内每年的超过概率 p_t 示意图（熊立华等，2018）

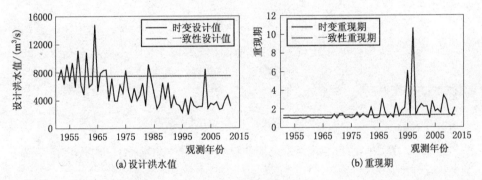

(a) 设计洪水值　　　　　　　　　(b) 重现期

图 5.3　以渭河华县站 1951—2012 年最大洪水序列为例，一致性和非一致性条件下 50 年一遇设计洪水值；一致性和非一致性条件下对应设计洪水值 z_q（m）$= 1500\text{m}^3/\text{s}$ 的重现期

5.2.1　基于期望超过次数的设计洪水值推求

在一致性条件下，m 年重现期可以解释为在 m 年内发生超过某一设计值的极值事件的期望次数为 1。此时，将 m 年内水文变量 z_t 超过设计值 $z_q(m)$ 的次数记作 N，则在一致性条件下，N 服从如下二项分布（Cooley，2013）：

$$P(N = k_n) = \binom{m}{k_n} p_0^{k_n} (1 - p_0)^{m - k_n} \tag{5.2}$$

式中：p_0 为超过概率。

由期望超过次数的定义可知，N 的期望值为 1，即

$$E(N) = \sum_{t=1}^{m} p_0 = mp_0 = 1 \tag{5.3}$$

因此，在一致性条件下，由期望超过次数概念得到的重现期为 $m = 1/p_0$。然而，在非一致性条件下未来时期内每年发生超设计值事件的概率不再是固定不变的 p_0（图 5.2），因此 N 也不再服从二项分布。

Parey 等（2010；2007）最早将期望超过次数的概念扩展到非一致性条件下，提出了基于期望超过次数（ENE）的非一致性设计方法。在该方法中，N 的概率分布可以表示为

$$N = \sum_{t=1}^{m} I[z_t > z_q(m)] \tag{5.4}$$

式中，$I(\cdot)$ 为指示函数，定义如下：

$$I(\cdot) = \begin{cases} 1, & z_t > z_q(m) \\ 0, & z_t \leqslant z_q(m) \end{cases} \tag{5.5}$$

因此 N 的期望被定义为

$$E(N) = \sum_{t=1}^{m} E\{I[z_t > z_q(m)]\} = \sum_{t=1}^{m} P[z_t > z_q(m)]$$
$$= \sum_{t=1}^{m} \{1 - F_Z[z_q(m) \mid \boldsymbol{\theta}_t]\} \tag{5.6}$$

在 ENE 方法中，m 年重现期对应的设计值被记作 $z^{ENE}(m)$，对于 $z^{ENE}(m)$ 来说，在 m 年内发生超过其量级洪水事件的次数的期望为 1。因此，令 $E(N) = 1$，便可以反算得到 $z^{ENE}(m)$：

$$1 = \sum_{t=1}^{m} \{1 - F_Z[z^{ENE}(m) \mid \boldsymbol{\theta}_t]\} \tag{5.7}$$

在 ENE 方法框架下，m 年重现期的设计值 $z^{ENE}(m)$ 所对应的代表性可靠度可以表示为式（5.8）：

$$RRE^{ENE} = \sum_{t=1}^{m} F_Z[z^{ENE}(m) \mid \boldsymbol{\theta}_t] / \{1 + \sum_{t=1}^{m} F_Z[z^{ENE}(m) \mid \boldsymbol{\theta}_t]\} \tag{5.8}$$

5.2.2 基于期望等待时间的设计洪水值推求

在一致性条件下，m 年重现期的另一种定义为：从某一初始年份算起，直到下一次发生超过设计标准极值事件的期望等待时间为 m 年。在一致性条件下，令 WT 表示未来时期第一次发生超过设计标准 $z_q(m)$ 的极值事件的时间，则 WT 的概率分布可由式（5.9）表示（Cooley，2013；Obeysekera 等，2014）：

$$P(WT = t) = P[z_1 \leqslant z_q(m), z_2 \leqslant z_q(m), \cdots, z_{t-1} \leqslant z_q(m), z_t > z_q(m)]$$
$$= P[z_1 \leqslant z_q(m)] P[z_2 \leqslant z_q(m)] \cdots P[z_{t-1} \leqslant z_q(m)] P[z_t > z_q(m)]$$
$$= F^{t-1}[z_q(m)] \{1 - F[z_q(m)]\} \tag{5.9}$$

式中第二行基于独立性假设推导，第三行基于一致性（同分布）假设推导。显然，WT 服从几何分布，并且其期望值为 m。

Olsen 等（1998）最早将上述定义扩展到非一致性条件下的设计值计算。在非一致性条件下，未来时期内每年发生超设计值事件的概率不同（图 5.2），此时，同样令 WT 表示未来时期第一次发生超过设计标准 $z_q(m)$ 的极值事件的时间，则其概率分布为

$$P(WT = t) = P[z_1 \leqslant z_q(m)]P[z_2 \leqslant z_q(m)]\cdots P[z_{t-1} \leqslant z_q(m)]P[z_t > z_q(m)]$$

$$= \prod_{i=1}^{t-1} F_i[z_q(m)]\{1 - F_t[z_q(m)]\} \tag{5.10}$$

其中，$F_i(\cdot)$ 表示极值变量 z 在第 i 年的累积概率密度函数。在非一致性条件下，WT 的期望可以表示为

$$E(WT) = \sum_{t=1}^{\infty} t\{1 - F_t[z_q(m)]\} \prod_{i=1}^{t-1} F_i[z_q(m)] \tag{5.11}$$

在此基础上，Cooley（2013）对计算公式进行了化简：

$$E(WT) = 1 + \sum_{j=1}^{\infty} \prod_{i=1}^{j} F_i[z_q(m)] \tag{5.12}$$

需要指出的是，为了确保期望等待时间方法在数学上收敛，其数值求解所需的外推时间（t_{extra}）要远大于重现期 m（胡义明等，2017）。Yan 等（2020）选用 gamma（GA）、Gumbel（GU）、lognormal（LN）和 GEV 作为备选分布，研究了影响 EWT 方法外推时间的因素。图 5.4 和图 5.5 分别给出了采用不同概率分布，呈现上升和下降趋势的洪水序列在不同外推时间下的设计值。结果表明，EWT 收敛所需要的外推时间受到序列趋势和分布选择的共同影响。具体来讲，呈现上升趋势的序列所需外推时间明显小于呈现下降趋势的序列，此外重尾分布也需要更长的外推时间来确保收敛。

5.2.3　基于设计年限水平的设计洪水值推求

Rootzén 等（2013）指出在变化环境下水利工程的设计中，研究人员需要将设计洪水和工程的设计年限结合在一起。与非一致性条件下可靠度 $RE_{T_1-T_2}^{ns}$ 的定义一致，Rootzén 等（2013）首先提出了"设计年限水平"（DLL）的概念。非一致性条件下，在工程的设计年限 $T_1 \sim T_2$ 内（T_1 和 T_2 指的是工程的起始和终止年份，如图 5.2 所示），水文极值变量服从以下分布：

$$G_{T_1-T_2}(z_q) = \prod_{t=T_1}^{T_2} F_Z[z_q(m) \mid \boldsymbol{\theta}_t] \tag{5.13}$$

实际上，$G_{T_1-T_2}(z_q)$ 表示的是变化环境下水文极值变量（如洪水序列），在工程设计年限 $T_1 \sim T_2$ 内的每一年都低于设计值 $z_q(m)$ 的概率，就像 Salas 等（2014）

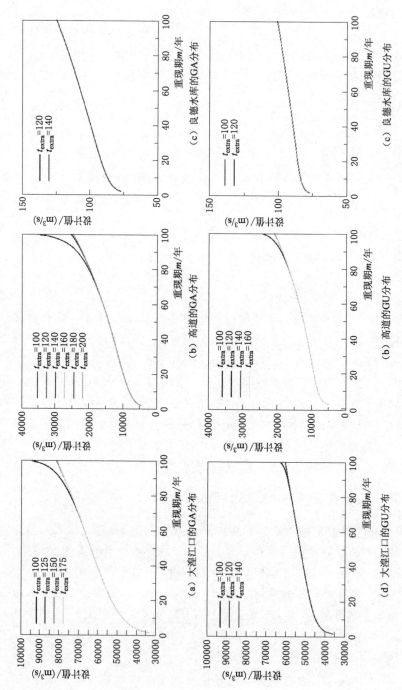

图 5.4（一） 不同外推时间对呈现上升趋势的洪水序列设计值的影响

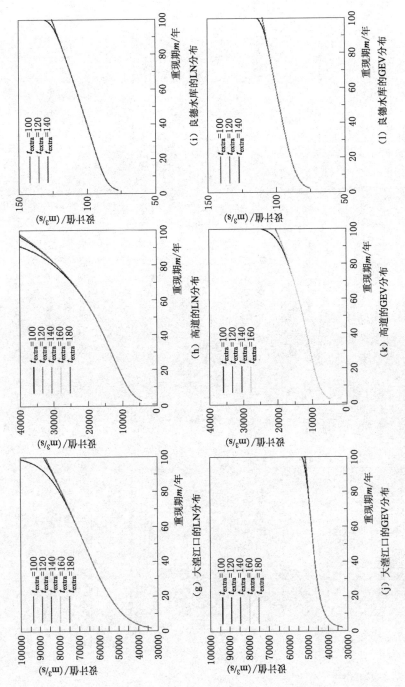

图 5.4（二）　不同外推时间对呈现上升趋势的洪水序列设计值的影响

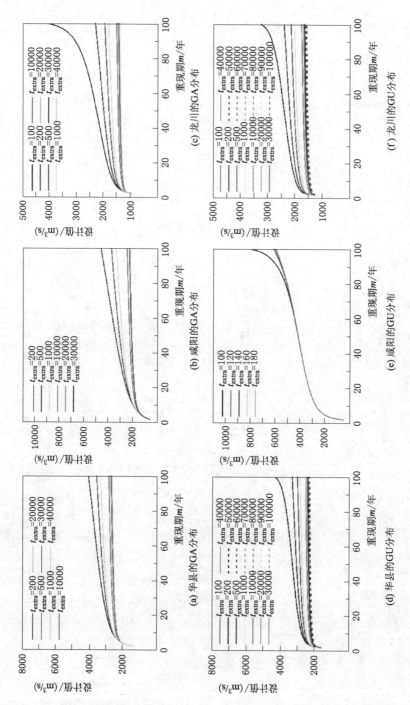

图 5.5（一） 不同外推时间对呈现下降趋势的洪水序列设计值的影响

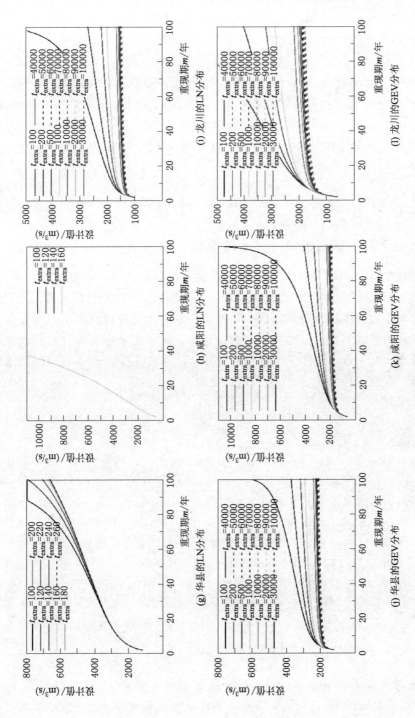

图 5.5（二）　不同外推时间对呈现下降趋势的洪水序列设计值的影响

定义的 $RE_{T_1-T_2}^{\text{ns}}$ 那样，上标 ns 代表的是非一致性 (nonstationary)，如式 (5.14) 所示：

$$RE_{T_1-T_2}^{\text{ns}} = \prod_{t=T_1}^{T_2}(1-p_t) = \prod_{t=T_1}^{T_2}F_Z[z_q(m) \mid \boldsymbol{\theta}_t] \qquad (5.14)$$

$RE_{T_1-T_2}^{\text{ns}}$ 可以通过 $m=1/(1-RE_{T_1-T_2}^{\text{ns}})$ 转化为重现期 m。记工程设计期 $T_1\sim T_2$ 内对应重现期为 m 的设计年限水平为 $z_{T_1-T_2}^{\text{DLL}}(m)$，则其可由式 (5.15) 得到：

$$z_{T_1-T_2}^{\text{DLL}}(m) = G_{T_1-T_2}^{-1}(1-1/m) \qquad (5.15)$$

在 DLL 方法框架下，m 年重现期的设计值 $z_{T_1-T_2}^{\text{DLL}}(m)$ 所对应的代表性可靠度可以表示为

$$RRE^{\text{DLL}} = G_{T_1-T_2}[z_{T_1-T_2}^{\text{DLL}}(m)] = \prod_{t=T_1}^{T_2}F_Z[z_{T_1-T_2}^{\text{DLL}}(m) \mid \boldsymbol{\theta}_t] \qquad (5.16)$$

5.2.4 基于等可靠度的设计洪水值推求

梁忠民和胡义明等 (Hu 等，2017b；梁忠民等，2016；梁忠民等，2017) 提出了"等可靠度"(ER) 的概念来估计非一致性条件下的设计洪水值。该方法认为尽管对于给定设计重现期，非一致性条件下的水文设计成果与一致性条件下的设计成果可能不同，但是在工程的设计年限内，二者应当具有相同的水文设计可靠度。在一致性条件下，如果工程被设计为可以抵御 m 年一遇的洪水事件，那么工程在设计期 T_1-T_2 内的可靠度为

$$RE_{T_1-T_2}^{\text{s}} = \left(1-\frac{1}{m}\right)^{T_2-T_1+1} \qquad (5.17)$$

$RE_{T_1-T_2}^{\text{s}}$ 中的上标 s 代表的是一致性 (stationary)。然而，非一致性条件下，在工程的设计期 $T_1\sim T_2$ 内，没有洪水超过设计值 $z_q(m)$ 的可靠度 $RE_{T_1-T_2}^{\text{ns}}$ 如式 (5.14) 所示 (Salas 等，2014)。

根据等可靠度的概念，令 $RE_{T_1-T_2}^{\text{s}} = RE_{T_1-T_2}^{\text{ns}}$，那么对于给定重现期 m 的设计值 $z_{T_1-T_2}^{\text{ER}}(m)$ 是下式的解：

$$\prod_{t=T_1}^{T_2}F_Z[z_{T_1-T_2}^{\text{ER}}(m) \mid \boldsymbol{\theta}_t] = \left(1-\frac{1}{m}\right)^{T_2-T_1+1} \qquad (5.18)$$

在 ER 方法框架下，m 年重现期的设计值 $z_{T_1-T_2}^{\text{ER}}(m)$ 所对应的代表性可靠度可以表示为

$$RRE^{\text{ER}} = \left\{\prod_{t=T_1}^{T_2}F_Z[z_{T_1-T_2}^{\text{ER}}(m) \mid \boldsymbol{\theta}_t]\right\}^{1/(T_2-T_1+1)} \qquad (5.19)$$

在使用 ER 方法时，对于给定的重现期 m，我们首先可以得到公式 (5.18) 等式右边的值，然后可以得到等式左边的设计值 $z_{T_1-T_2}^{\text{ER}}(m)$。通过假

设一致性和非一致性水文设计具有相同的可靠度，ER 使我们可以基于一致性条件下的设计可靠度来解决非一致性水文设计问题，从而可以避免不完美的非一致性理论在实际应用中出现的一些问题，并且建立起一致性和非一致性设计标准之间的联系。

5.2.5　基于设计年限平均值的设计洪水值推求

基于前人研究（Stedinger 等，2000），Read 等（2015）提出了年平均可靠度的定义：

$$RE_{T_1-T_2}^{\text{ave}} = \frac{1}{T_2-T_1+1}\sum_{t=T_1}^{T_2}(1-p_t) = \frac{1}{T_2-T_1+1}\sum_{t=T_1}^{T_2}F_Z[z_q(m)\mid\boldsymbol{\theta}_t]$$

$$(5.20)$$

基于式（5.20），工程设计期 $T_1 \sim T_2$ 内年最大洪水序列服从的概率分布函数可由式（5.21）表示：

$$H_{T_1-T_2}(z) = RE_{T_1-T_2}^{\text{ave}} = \frac{1}{T_2-T_1+1}\sum_{t=T_1}^{T_2}F_Z(z\mid\boldsymbol{\theta}_t) \qquad (5.21)$$

其中，$H_{T_1-T_2}(z)$ 本质上是一个在工程设计年限内年概率分布均为 $F_Z(z\mid\boldsymbol{\theta}_t)$，权重系数均为 $1/(T_2-T_1+1)$ 的混合分布。假设 $m=1/[1-H_{T_1-T_2}(z)]$，熊立华等（2018）和 Yan 等（2017a）提出在设计年限 $T_1 \sim T_2$ 内，相对于重现期 m 的设计年限平均值 $z_{T_1-T_2}^{\text{ADLL}}(m)$ 可由式（5.22）得到：

$$\frac{1}{T_2-T_1+1}\sum_{t=T_1}^{T_2}F_Z[z_{T_1-T_2}^{\text{ADLL}}(m)\mid\boldsymbol{\theta}_t] = 1-1/m \qquad (5.22)$$

在设计年限 $T_1 \sim T_2$ 内，$z_{T_1-T_2}^{\text{ADLL}}(m)$ 有着平均为 $1/m$ 的年超过概率。在 ADLL 方法框架下，m 年重现期的设计值 $z_{T_1-T_2}^{\text{ADLL}}(m)$ 所对应的代表性可靠度可以表示为

$$RRE^{\text{ADLL}} = H_{T_1-T_2}[z_{T_1-T_2}^{\text{ADLL}}(m)] = \frac{1}{T_2-T_1+1}\sum_{t=T_1}^{T_2}F_Z[z_{T_1-T_2}^{\text{ADLL}}(m)\mid\boldsymbol{\theta}_t]$$

$$(5.23)$$

需要指出的是还有另外两种年可靠度/风险的度量。一种是 Buchanan 等（2015）提出的平均年设计年限水平（Average Annual Design Life Level，AADLL）。AADLL 和 ADLL 类似，不同的地方是 AADLL 是连续的形式，而 ADLL 是离散的形式。另一种度量是 Rootzén 等（2013）提出的 Minimax Design Life Level，称作有界的年风险水平 $T_1-T_2 p\%$，表示的是在设计年限 $T_1 \sim T_2$ 内使年超过概率最多为 $p\%$ 的设计值。

5.3　非一致性水文设计方法理论分析与比较

Parey 等（2010，2007）提出的推求重现期为 m 的设计洪水值的 ENE 方法是式（5.20）的特例。如果式（5.7）中 ENE 方法的初始年份被设置为和工程初始年份 T_1 相同，那么，m 年重现期设计值 $z^{\mathrm{ENE}}(m)$ 可由式（5.24）求得

$$\sum_{t=T_1}^{T_1+m-1}\{1-F_Z[z^{\mathrm{ENE}}(m)\,|\,\boldsymbol{\theta}_t]\}=1 \tag{5.24}$$

同时，若工程设计年限为 m，那么根据式（5.21）和式（5.22），在工程设计年限 $T_1-(T_1+m-1)$ 内，ADLL 方法得到的对应于不及概率 $1-1/m$ 的设计洪水值 $z_{T_1-(T_1+m-1)}^{\mathrm{ADLL}}(m)$ 可由式（5.25）求得：

$$H_{T_1-(T_1+m-1)}(z)=\frac{1}{m}\sum_{t=T_1}^{T_1+m-1}G_Z[z_{T_1-(T_1+m-1)}^{\mathrm{ADLL}}(m)\,|\,\boldsymbol{\theta}_t]=1-1/m \tag{5.25}$$

对式（5.24）和式（5.25）进行变形，m 年重现期设计值 $z^{\mathrm{ENE}}(m)$ 可以表示为

$$z^{\mathrm{ENE}}(m)=z_{T_1-(T_1+m-1)}^{\mathrm{ADLL}}(m)=H_{T_1-(T_1+m-1)}^{-1}(1-1/m) \tag{5.26}$$

式（5.26）表明对应于和工程设计年限一样的重现期，ENE 方法和 ADLL 方法可以得到相同的设计洪水值。

此外，如果对式（5.18），即梁忠民等（2016）提出的 ER 方法两边取对数，可以得到

$$\frac{1}{T_2-T_1+1}\sum_{t=T_1}^{T_2}\ln\{F_Z[z_{T_1-T_2}^{\mathrm{ER}}(m)\,|\,\boldsymbol{\theta}_t]\}=\ln(1-1/m) \tag{5.27}$$

可以发现，式（5.27）和式（5.22）中 ADLL 方法的表达式非常类似。

从理论上讲，尽管出发点不同，ER 方法和 ADLL 方法可以得到相同的设计值，ENE 方法可以得到和两者相似的设计值（熊立华等，2018）。

此外，对于一个给定的设计值，基于式（5.15）、式（5.18）、式（5.22），可以比较 3 种不同的重现期，分别记作 m_{DLL}、m_{ER} 和 m_{ADLL}。分别对式（5.15）、式（5.18）、式（5.22）应用一阶泰勒展开式，可以得到如下近似的数学关系：

$$m_{\mathrm{DLL}}\approx\frac{m_{\mathrm{ER}}}{T_2-T_1+1}\approx\frac{1}{1+\mathrm{e}^{-(T_2-T_1+1)/m_{\mathrm{ADLL}}}}\approx\frac{m_{\mathrm{ADLL}}}{T_2-T_1+1} \tag{5.28}$$

需要指出的是，最后一个近似要求 m_{ADLL} 稍稍大于 T_2-T_1+1。一般来说，以上近似在解决洪水设计问题时相当准确，并且其中的误差可以通过泰勒展开式的余项来准确的估计。

基于上述比较与分析，表5.1总结了不同非一致性设计方法的优缺点。

表 5.1　　　　　　　　　　　不同非一致性水文设计方法的优缺点

设计方法名称	优　点	缺　点
基于一致性重现期概念的方法	1. 易于理解、计算简单 2. 可以明确地传达变化的风险	1. 每年都一个设计值，不可行 2. 重现期的概念可能会误导公众
期望等待时间（EWT）	1. 基于重现期的概念，易于理解	1. 没有考虑工程设计年限 2. 重现期的概念可能会误导公众 3. 数值求解所需停止时间远大于重现期，收敛速率受到序列趋势和分布选择的影响
期望超过次数（ENE）	1. 基于重现期的概念，易于理解 2. 计算简单 3. 数值求解所需停止时间等于重现期	1. 没有考虑工程设计年限 2. 重现期的概念可能会误导公众 3. 仍需预估工程设计年限之外的年超过概率
等可靠度（ER）	1. 考虑工程的设计年限 2. 仅需预估工程设计年限内的年超过概率 3. 建立一致性设计标准和非一致性设计标准的联系	1. 重现期的概念可能会误导公众 2. 本质上仍为平均年可靠度
设计年限水平（DLL）	1. 考虑工程的设计年限 2. 仅需预估工程设计年限内的年超过概率 3. 表示工程设计年限内的整体可靠度	1. 如何确定工程设计年限内的可靠度/风险值 2. 设计值估计较为保守 3. 得到很大的等价重现期
设计年限平均值法（ADLL）	1. 考虑工程的设计年限 2. 仅需预估工程设计年限内的年超过概率	1. 如何确定工程设计年限内的可靠度/风险值 2. 本质上仍为平均年可靠度

5.4　未来降雨和人口协变量的预估

在变化环境下，未来的超过概率在非一致性水文设计和可靠度分析中发挥着基础而又重要的作用。因此，当基于第 2 章和第 4 章中分别构建的采用 *pop* 和 *prec* 协变量的时变单一分布模型和时变混合分布模型计算未来时期的年超过概率时，需要预估未来的降雨和人口协变量并输入到建立的时变概率分布模型中。

5.4.1   未来降雨的预估

近年来，由于计算机计算能力的提高，使用大气环流模式（General Circulation Models，GCM）的输出来预估未来气候变化已经成为最重要且最常用的方法（Arnell 等，2016；Chen 等，2012；Chen 等，2016）。需要指出的是，尽管 GCM 模式在模型精度、物理过程描述等方面取得了进步，其对降雨的预估仍然存在着很大的不确定性（Chen 等，2013）。

本节采用 Wilby 等（2002）提出的统计降尺度模型（statistical downscaling model，SDSM）来缩小 GCM 提供的大尺度数据和局地研究所需要的精细尺度之间的差距。Wilby 等（2002）给出了 SDSM 详细的介绍和案例分析。在历史时期，我们采用基于 SDSM 的完全预测法（perfect prognosis approach）对 NCEP 再分析数据进行降尺度获得局地降雨数据。由于 NCEP 数据和 GCM 数据之间存在着差异，在降尺度得到未来降雨数据之前，采用 Quantile Mapping 方法消除 NCEP 数据和 GCM 数据之间的差别。随后，将修正后的 GCM 预报因子应用到已经率定好的 NCEP 和历史实测降雨之间的统计关系来降尺度得到未来降雨。

本章根据相关分析的结果，以及相同或相似区域的前人研究来确定预报因子（杜涛，2016）。最终，本节选择 500hPa 位势高度场、500hPa 纬向风分量、850hPa 气温和 850hPa 比湿作为预报因子来进行日降雨降尺度。在本章中，年总降雨量被用作非一致性水文频率分析的协变量，因此我们更关心的是所建立的 SDSM 模型对年总降雨量的降尺度效果。因此，在检验期，SDSM 模型生成的日降雨被转化为年总降雨，并采用相对误差（R_e）来验证所建立的 SDSM 模型的模拟效果。R_e 被定义为

$$R_e = \frac{\left| \sum_{i=1}^{tc} y_i^{obs} - \sum_{i=1}^{tc} y_i^{sim} \right|}{\sum_{i=1}^{tc} y_i^{obs}} \times 100\% \tag{5.29}$$

式中：y_i^{obs} 为在第 $i(i=1, \cdots, tc)$ 年观测到的年总降雨量；tc 为检验期的长度；y_i^{sim} 为在第 $i(i=1, \cdots, \tau)$ 年模拟的年总降雨量。

相对误差 R_e 和 0% 越接近，模拟效果越好。

将大尺度的 GCM 输出的预报因子输入到建立的 SDSM 模型中，可以得到预估的日降雨，并可进一步计算年总降雨量。为了降低不同的 GCM 模式带来的不确定性，本章使用不同排放情景下（RCP2.6，RCP4.5，RCP8.5）的 9 种不同的 GCM（BCC，BNU - ESM，CanESM2，CCSM4，CNRM - CM5，GFDL - ESM2M，HadGEM2 - ES，MIROC - ESM - CHEM，NorESM1 - M）的输出结果。需要指出的是，GCM 模式输出的日模拟数据长度是有限的，一般最多只到 2100 年。因此，如果我们假设水利工程计划从 2015 年开始投入使用，那么我们

最多只能预估未来 86 年（2100 － 2015 ＋ 1）的降雨和超过概率，这意味着：
①由于 EWT 方法需要知道未来无限或者尽可能多的超过概率（Cooley，2013；
Read 等，2015；Yan 等，2017a；梁忠民等，2017），降尺度得到的 *prec* 不能应
用到 EWT 方法中；②由于 ENE 方法计算的重现期的长度和超过概率的长度是
一样的，所以 ENE 方法计算的重现期是有限的；③水利工程的设计年限不应超
过 GCM 模式输出数据的长度。故在本章中，水利工程的设计年限被设置为 50
年，从 2015 年至 2064 年。

5.4.2　未来人口的预估

为了预估未来人口的增长，研究人员提出了许多人口增长模型（Swishchuk
等，2003；Verhulst，1838）。最简单的指数增长模型能够近似地反映初始期种
群的增长模式。然而，指数增长模型没有考虑有限的自然资源和竞争，将导致
人口的持续增长。考虑到有限的自然资源，不加限制的人口增长是不现实的。
因此，Verhulst（1838）提出了 logistic 增长方程来描述人口的增长。该方法在
指数模型的基础上考虑了环境承载力，可以表述为

$$\left.\begin{array}{l} \dfrac{\mathrm{d}S}{\mathrm{d}t} = rS\left(1 - \dfrac{S}{S_{\max}}\right) \\ S(t_0) = S_0 \end{array}\right\} \tag{5.30}$$

式中：r 为系统固有增长率的常数；S 为人口数量；S_0 为初始时刻 t_0 的人口数
量；$S_{\max}$ 为对应于环境承载力的最大人口数量。

Verhulst logistic 增长模型的解为

$$S(t) = \frac{S_{\max}}{1 + \left(\dfrac{S_{\max}}{S_0} - 1\right)\exp(-rt)} \tag{5.31}$$

Verhulst logistic 增长模型已经被广泛地应用于模拟中长期人口增长。本节
采用最小二乘法估计 Verhulst logistic 人口增长模型的参数。

5.5　设计洪水值的不确定性分析

估计设计洪水值的不确定性是传统统计推断方法中的一个重要步骤（Coles，
2001；Obeysekera 等，2014）。Delta 方法是计算设计值不确定性的经典方法。
然而，该方法依赖于模型所估计参数的协方差矩阵的推导。无论是对于时不变
混合分布模型，还是对于时变概率分布模型，由于模型参数的增加，参数协方
差矩阵的推导无疑会变得更加的复杂和棘手。在一致性和非一致性条件下，Sa-
las 等（2013）和 Obeysekera 等（2014）综合评估了 delta 方法、bootstrap 方法

和 profile likelihood 3 种不同的不确定性估计方法。基于以上研究，Serinaldi 等
（2015）建议采用 bootstrap 方法进行非一致性条件下的不确定性分析。

　　bootstrap 方法由 Efron（1979）提出，该方法使用灵活、方便，依赖计算
机模拟和重采样技术来得到统计参数和设计值的置信区间，已经被许多的学者
建议用来进行水文气象极值的不确定性分析（Cannon，2010；Kysely，2008；
Rulfová 等，2016；Serinaldi，2009；Serinaldi 等，2015）。bootstrap 方法有着
严格依据实测数据、不需要任何假设、并且无论模型多复杂，都易于操作的优
点（Serinaldi 等，2015；Yan 等，2017a）。总体来说，当前存在两种类型的
bootstrap 方法，即基于对原始实测样本序列进行有放回重采样的非参数 boot-
strap 方法和基于采用由原始实测序列拟合得来的概率分布随机生成样本序列的
参数化 bootstrap 方法（蒙特卡洛模拟）（Davison 等，1997；Kottegoda 等，
2008）。

　　针对时不变混合分布模型，特别是基于洪水时间尺度对子序列提前进行划
分的 TCMD-F 模型，由于其权重系数 w_L 和 w_S 直接由实测序列估计，没有经
过优化求解步骤得到，故在 bootstrap 过程中应保持权重系数固定不变。而如果
采用非参数化 bootstrap 方法直接对原始样本进行有放回的重采样，必将改变各
子序列的混合权重。因此，为了保留每个子分布的混合权重，本章采用参数化
bootstrap 方法计算 TCMD-T 和 TCMD-F 两类时不变混合分布得到的设计值
的置信区间，并进行比较。

　　针对时变单一分布模型，Obeysekera 等（2014）提出了非一致性非参数
bootstrap 方法进行非一致性条件下的不确定性分析。与前人研究保持一致，本
章也采用非一致性非参数 bootstrap 方法计算时变单一分布模型基于不同非一致
性设计方法所推求的设计值的置信区间，并将此作为评价不同非一致性设计方
法优劣的指标。

　　下面分别介绍了针对时不变混合分布模型以及时变概率分布模型的不确定
性分析方法，并给出详细的计算步骤。

5.5.1　TCMD-T 模型设计值的不确定性分析

　　为了生成 TCMD-T 模型得到的对应重现期为 m 的设计值 $z_q(m)$ 的置信区
间，基于 Serinaldi（2009）和 Kottegoda 等（2008），本节给出针对 TCMD-T
模型的参数化 bootstrap 方法的一般计算步骤，总结如下：

　　（1）使用 TCMD-T 模型拟合实测年最大洪水样本序列 $\{z_t,\ t=1,\ \cdots,\ n\}$，
并基于公式（4.3），通过 $z_q(m)=F_{TCMD-T}^{-1}(1-1/m\,|\,\boldsymbol{\theta}_1,\ \boldsymbol{\theta}_2,\ w)$ 计算对应重现期
m 的设计洪水值 $z_q(m)$。

　　（2）基于第（1）步中构建的概率分布模型，生成样本量为 n 的 bootstrap

伪样本序列 $\{z_t^b,\ t=1,\ \cdots,\ n\}$。$u_i(i=1,\ \cdots,\ n)$ 是标准均匀分布生成的随机数。如果 $u_i < w$，从未知的第 1 个样本总体的逆 CDF，即 $F_1^{-1}(\cdot\mid\boldsymbol{\theta}_1)$ 中生成伪样本 z_t^b；如果 $u_i \geqslant w$，那么则从未知的第 2 个样本总体的逆 CDF，即 $F_2^{-1}(\cdot\mid\boldsymbol{\theta}_2)$ 中生成伪样本 z_t^b。

（3）使用和第（1）步一样类型的 TCMD–T 模型重新拟合第（2）步中生成的伪样本 z_t^b，估计新模型的参数组 $\boldsymbol{\theta}_1^b$、$\boldsymbol{\theta}_2^b$ 和 w^b，通过 $z_q(m) = F_{\mathrm{TCMD-T}}^{-1}(1-1/m\mid\boldsymbol{\theta}_1^b,\ \boldsymbol{\theta}_2^b,\ w^b)$ 计算对应重现期 m 的设计洪水值 $z_q(m)$。

（4）重复步骤（2）和（3）足够多次（比如 1000 次）。

（5）确定 $z_q(m)$ 的经验频率，并计算对应于 $z_q(m)$ 经验频率分布的 $(\alpha/2)$ 和 $(1-\alpha/2)$ 分位数作为 $z_q(m)$ 的置信区间。

5.5.2　TCMD–F 模型设计值的不确定性分析

在计算 TCMD–F 模型得到的对应重现期为 m 的设计值 $z_q(m)$ 的置信区间时，我们仍然基于提前划分的年最大洪水序列，即长历时洪水（L-组分）和短历时洪水（S-组分）。TCMD–F 模型的权重系数 w_L 和 w_S 直接由实测序列估计并假设在整个参数化 bootstrap 的过程中固定不变。因此，为了保留每个子分布的混合比例，需要对 5.5.1 节中描述的参数化 bootstrap 方法进行修改，使其能够允许子分布同时独立地生成成对的 bootstrap 样本 $\{z_L^b(1),\ \cdots,\ z_L^b(n_L),\ z_S^b(1),\ \cdots,\ z_S^b(n_S)\}$，其中前 n_L 个伪样本由 L-组分的逆 CDF，即 $F_L^{-1}(\cdot\mid\boldsymbol{\theta}_L)$ 生成，后 n_S 个伪样本由 S-组分的逆 CDF，即 $F_S^{-1}(\cdot\mid\boldsymbol{\theta}_S)$ 生成。上述问题也被称作 bootstrap 方法的双样本问题（Davison 等，1997）。Efron 等（1986）考虑了样本数据集中包括两个独立的随机样本的情况，并对蒙特卡洛模拟进行了修改。基于 Efron 和 Tibshirani（1986），本章给出针对 TCMD–F 模型的参数化 bootstrap 方法的一般计算步骤，总结如下：

（1）使用 TCMD–F 模型拟合分组后的年最大洪水样本序列 $\{z_L(1),\ \cdots,\ z_L(n_L),\ z_S(1),\ \cdots,\ z_S(n_S)\}$，并基于式（4.5），通过 $z_q(m) = F_{\mathrm{TCMD-F}}^{-1}(1-1/m\mid\boldsymbol{\theta}_L,\ \boldsymbol{\theta}_S,\ w)$ 计算对应重现期 m 的设计洪水值 $z_q(m)$。

（2）基于 $F_L^{-1}(\cdot\mid\boldsymbol{\theta}_L)$ 和 $F_S^{-1}(\cdot\mid\boldsymbol{\theta}_S)$，同时独立地生成样本量为 n 的 bootstrap 伪样本序列 $\{z_L^b(1),\ \cdots,\ z_L^b(n_L),\ z_S^b(1),\ \cdots,\ z_S^b(n_S)\}$。

（3）使用和第（1）步一样类型的 TCMD–F 模型重新拟合第（2）步中生成的伪样本 $\{z_L^b(1),\ \cdots,\ z_L^b(n_L),\ z_S^b(1),\ \cdots,\ z_S^b(n_S)\}$，分别估计新模型的参数组 $\boldsymbol{\theta}_L^b$ 和 $\boldsymbol{\theta}_S^b$，并通过 $z_q(m) = F_{\mathrm{TCMD-F}}^{-1}(1-1/m\mid\boldsymbol{\theta}_L^b,\ \boldsymbol{\theta}_S^b,\ w)$ 计算对应重现期 m 的设计洪水值 $z_q(m)$。

（4）重复步骤（2）和（3）足够多次（比如 1000 次）。

（5）确定 $z_q(m)$ 的经验频率，并计算对应于 $z_q(m)$ 经验频率分布的 $(\alpha/2)$ 和 $(1-\alpha/2)$ 分位数作为 z_q 的置信区间。

5.5.3　时变概率分布模型非一致性设计值的不确定性分析

在非一致性条件下，由于时变概率分布模型更加复杂的模型结构（额外的参数来模拟协变量的趋势）以及采用气候模式和 logistic 增长模型预估未来协变量的不确定性，设计洪水结果往往包含着很大的不确定性。因此，为了公平地比较不同的非一致性水文设计方法，本章采用非参数 bootstrap 方法对基于时变概率分布推求的设计洪水进行不确定性分析。

基于 Obeysekera 等（2014），本节给出非一致性非参数 bootstrap 方法的计算步骤。在非一致性条件下，由于原始样本不满足同分布假设，因此，在重采样之前，需要使用所估计的时变概率分布模型的参数将初始的样本观测值转化为同分布的残差样本（Cannon，2010；Coles，2001；Khaliq 等，2006）。随后只需对转化后的残差样本进行重采样即可。以有着时变参数 $\boldsymbol{\theta}_t=(\mu_t,\ \sigma_t,\ \varepsilon_t)$ 的非一致性 GEV 模型为例，通过式（5.32）将原始观测值转化为标准化变量 $\tilde{z}$：

$$\tilde{z}_t=\frac{1}{\varepsilon_t}\ln\left[1+\varepsilon_t\left(\frac{z_t-\mu_t}{\sigma_t}\right)\right] \tag{5.32}$$

其中 $z_t(t=1,\cdots,n)$ 为极端水文变量 Z 在 t 时刻的观测值。$\tilde{z}_t$ 为第 t 个转化后的残差样本，服从标准 Gumbel 分布（Coles，2001）。标准化变量 $\tilde{z}_t$ 的选择存在一定的随意性和主观性。对于其他的非一致性分布，一般需要选择同一分布族的不同标准化变量（Coles，2001）。

非一致性非参数 bootstrap 方法的详细计算步骤总结如下：

（1）使用非一致性分布拟合原始观测样本序列 $\{z_t,\ t=1,\cdots,n\}$ 并使用式（5.7）、式（5.15）、式（5.18）和式（5.22）计算设计洪水值。

（2）基于式（5.32）和第（1）步得到的非一致性分布参数计算残差序列 $\tilde{z}_t$。

（3）对转化后的残差序列 $\tilde{z}_t$ 进行有放回的重采样，得到新的残差样本序列 $\{\tilde{z}_t^b,\ t=1,\cdots,n\}$。

（4）基于式（5.32），对重采样后得到的残差 $\tilde{z}_t^b$ 进行逆转化来得到新的年最大洪水序列 $\{z_t^b,\ t=1,\cdots,n\}$。

（5）采用和第（1）步一样的非一致性概率分布模型拟合 bootstrap 后得到的样本序列 $\{z_t^b,\ t=1,\cdots,n\}$，估计分布参数并使用式（5.7）、式（5.15）、式（5.18）和式（5.22）计算设计洪水值。

（6）重复步骤（3）～（5）足够多次（比如 1000 次）。

（7）确定 $z_q(m)$ 的经验频率，并计算对应于 $z_q(m)$ 经验频率分布的 $(\alpha/2)$ 和 $(1-\alpha/2)$ 分位数作为 z_q 的置信区间。

5.6　应用研究

5.6.1　研究区和数据

基于第 4 章构建的 TCMD‐T 和 TCMD‐F 两类时不变混合分布模型，为了进一步地比较二者在计算设计洪水值时的差异，本章选取位于挪威东南内陆区的 Kirkevollbru 站（站点 ID：16.23）的年最大洪水序列作为研究对象，计算 TCMD‐T 和 TCMD‐F 模型得到的设计洪水值以及相应的置信区间。站点介绍见 3.3.1 节。之所以选择 Kirkevollbru 站的年最大洪水序列作为研究对象，是因为该站有着长达 108 年的流量序列，并且最终基于洪水时间尺度划分的两个洪水子序列的样本量均大于 45，即 63 个短历时洪水事件和 45 个长历时洪水事件。

为了比较不同的非一致性水文设计方法，本章选取渭河华县站控制流域、张家山站控制流域、咸阳站控制流域，以及美国的 Assunpink 流域作为研究对象。各流域表现出不同的上升或者下降趋势（图 5.6）。各流域的详细介绍和使用的数据见 2.4.1 节。此处仅对本章使用的 NCEP 再分析数据和 GCM 输出数据进行介绍。

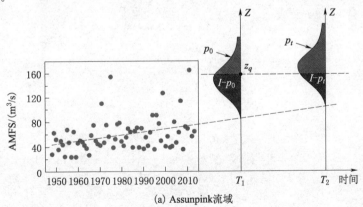

图 5.6（一）　非一致性条件下推求在 $T_1 \sim T_2$ 年运行的水文工程的设计洪水值的概念图
[虚线表示的是观测序列不同的变化趋势：对于 Assunpink 流域，超过概率呈现出上升的趋势（概率密度函数中的浅色部分）；而对于渭河张家山站、华县站和咸阳站，超过概率呈现出下降的趋势]

117

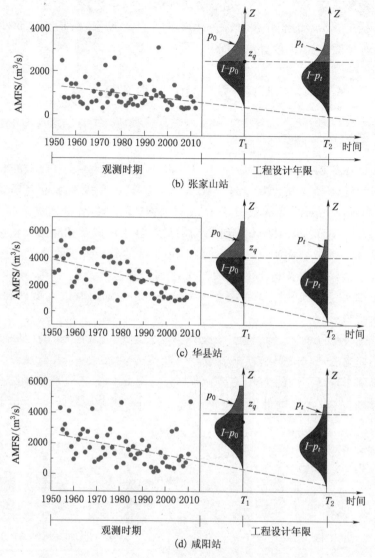

(b) 张家山站

(c) 华县站

(d) 咸阳站

图 5.6（二）　非一致性条件下推求在 $T_1 \sim T_2$ 年运行的水文工程的设计洪水值的概念图
[虚线表示的是观测序列不同的变化趋势：对于 Assunpink 流域，超过概率呈现出
上升的趋势（概率密度函数中的浅色部分）；而对于渭河张家山站、华县站和
咸阳站，超过概率呈现出下降的趋势]

　　为了建立统计降尺度模型并预估未来气候情景，本章使用了两类大尺度的
气象数据，即 NCEP 再分析日资料和 GCM 输出日资料。和实测降雨资料同样长
度的 NCEP 备选预报因子可以在美国国家海洋和大气管理局地球系统研究实验
室网站下载。3 种不同排放情景下（RCP2.6、RCP4.5 和 RCP8.5）9 种不同的

GCM（BCC、BNU－ESM、CanESM2、CCSM4、CNRM－CM5、GFDL－ESM2M、HadGEM2－ES、MIROC－ESM－CHEM 和 NorESM1－M）输出的预报因子可以从 CMIP5 的网站上下载。需要指出的是，由于 NCEP 数据和 GCM 数据有着不同的空间尺度，因此需要对数据进行前处理。首先应用反距离加权方法将每个预报因子插值到流域内各个气象站点。随后应用泰森多边形法计算每个预报因子的流域面平均值。

5.6.2　基于时不变混合分布模型的设计值推求

根据 4.5.2 节中 Kirkevollbru 站的洪水频率分析结果，图 5.7（a）总结了最优的时不变单一分布模型（G）、最优的 TCMD－T 模型（LN－LN）以及最优的 TCMD－F 模型（LN－W）所计算的对应重现期为 $m\in[2,200]$ 的设计洪水值，并给出了由 LN 和 W 两个子分布单独计算得到的短历时设计洪水值和长历时设计洪水值。结果表明，在重现期为 $m\in[2,50]$ 时，LN－W 模型得到的设计洪水值与 G 得到的设计洪水值很接近，而 LN－LN 模型则得到比它们小的设计值。此外，由图可知，在重现期为 $m\in[2,200]$ 的区间里，短历时洪水可以得到最大的设计洪水值而长历时洪水则得到最小的设计洪水值，这是由于短历时洪水有着更大的洪水量级所导致［图 5.7（b）］。

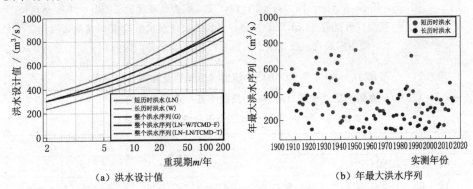

（a）洪水设计值　　　　　　　　　　（b）年最大洪水序列

图 5.7　Kirkevollbru 站（ID：16.23）最优时不变单一分布模型、TCMD－T 和 TCMD－F
模型推求的设计洪水值，及基于短历时和长历时洪水序列单独计算的设计值；
Kirkevollbru 站 1906—2015 年划分后的短历时洪水序列（浅色点据）和
长历时洪水序列（深色点据）

图 5.8 给出了 Kirkevollbru 站的设计洪水值及其基于 bootstrap 方法得到的 95％置信区间。结果显示，对于 LN－LN 混合模型，TCMD－F 模型得到的设计洪水值要大于 TCMD－T 模型得到的设计洪水值，主要是由于 TCMD－F 模型的第一个子分布有着更大的权重系数 w 和尺度参数 σ（表 5.2）。对于 LN－W 混合模型，TCMD－F 模型得到的设计洪水值仍大于 TCMD－T 模型得到的设计

洪水值，主要是由于 TCMD-F 模型的第二个子分布有着更小的权重系数 w，更高的位置参数 μ 以及更低的尺度参数 σ。明显地，对于重现期 $m \in [2, 200]$，TCMD-F 模型的置信区间总是要比 TCMD-T 的置信区间小超过 50%。TCMD-F 模型提升的预测能力归功于它能够明确地识别不同的洪水形成机制，因此能够提前确定每个子分布背后的洪水形成机制的权重系数，而无需采用优化算法估计。

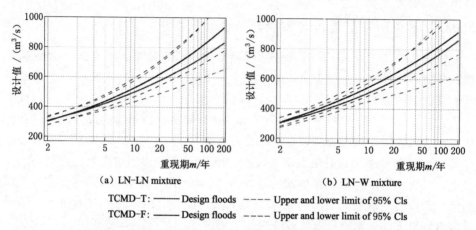

（a）LN-LN mixture　　　　　　（b）LN-W mixture

TCMD-T:　—— Design floods　---- Upper and lower limit of 95% Cls
TCMD-F:　—— Design floods　---- Upper and lower limit of 95% Cls

图 5.8　Kirkevollbru 站（ID：16.23）基于 LN-LN 模型（最优的 TCMD-T 模型）和
LN-W 模型（最优的 TCMD-F 模型）得到的设计洪水值及 95％置信区间
（图中实线代表设计洪水值而虚线代表 95％置信区间）

表 5.2　　最优 TCMD-T 和 TCMD-F 模型（粗体）及其各自的对照
模型的统计参数（μ_1 和 σ_1 是属于第一个子分布的统计
参数，μ_2 和 σ_2 是属于第二个子分布的统计参数）

最 优 模 型	w	μ_1	σ_1	μ_2	σ_2
LN-LN（TCMD-T）	0.152	4.893	0.089	5.818	0.404
LN-LN（TCMD-F）	0.583	5.873	0.428	5.423	0.461
LN-W（TCMD-T）	0.868	5.799	0.418	135.5	16.50
LN-W（TCMD-F）	0.583	5.873	0.428	288.4	1.891
G（AMFS 全序列）	—	330.4	0.484	—	—

5.6.3　未来年超过概率计算

对于基于时变概率分布模型的非一致性频率分析方法而言，未来年超过概率的计算是进行非一致性水文设计的基础。在本章中，分别选用第 2 章中构建的最优时变单一分布模型和第 4 章中构建的时变混合分布模型作为相应研究区的最优时变概率分布模型，见表 5.3。

表 5.3　　　　　　　　　各研究区最优时变概率分布模型汇总

研究区域	序列趋势	时变概率模型类型	分布函数	参数变化类型
渭河华县站子流域	下降	时变单一分布	LN	$g(\mu) \sim pop+prec, g(\sigma) \sim 1$
渭河张家山站子流域	下降	时变单一分布	LN	$g(\mu) \sim pop+prec, g(\sigma) \sim 1$
渭河咸阳站子流域	下降	时变混合分布	G-G	$g(\mu) \sim pop+prec, g(\sigma) \sim pop+prec, w \sim 1$
美国 Assunpink 流域	上升	时变单一分布	GEV	$g(\mu) \sim pop+prec, g(\sigma) \sim prec, g(\varepsilon) \sim 1$

在建立研究区的时变概率分布模型之后，下一步便是将模型中统计参数和协变量之间的函数关系扩展到未来时期，推求未来时期对应于某一设计值的年超过概率。为此，本章分别采用全球气候模型和人口增长模型对未来降水协变量 $prec$ 和未来人口协变量 pop 进行预估。

1. 未来降雨的预估

使用 NCEP 再分析数据和实测降雨，对于每个流域分别建立统计降尺度模型。为了检验所建立的模型对年总降水量（$prec$）降尺度的能力，基于式（5.29）计算实测和模拟的 $prec$ 的相对误差 R_e。可以发现，所建立的统计降尺度模型能够很好地进行年总降雨量 $prec$ 的降尺度。检验期渭河华县站子流域、张家山站子流域、咸阳站子流域和 Assunpink 流域相对误差分别为 $R_e=1.2\%$、$R_e=0.7\%$、$R_e=0.8\%$ 和 $R_e=0.3\%$。

基于建立的统计降尺度模型，可以预估 4 个研究区域未来 2015—2099 年的年总降雨量序列（图 5.9）。从图中可以发现，9 种 GCM 模式表现出不同的变化类型。对于渭河 3 个子流域来说，不同模式集合平均的 $prec$ 值没有表现出明显

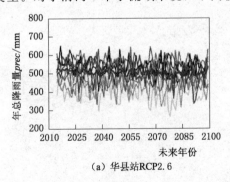

（a）华县站RCP2.6

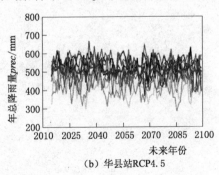

（b）华县站RCP4.5

图 5.9（一）　基于不同排放情景下（RCP2.6、RCP4.5 和 RCP8.5）和不同 GCM 模式输出的未来 2015—2099 年 4 个研究流域年总降雨量 $prec$ 的预估图（取 9 种 GCM 预估模式结果的算术平均值作为多模式集合平均值）

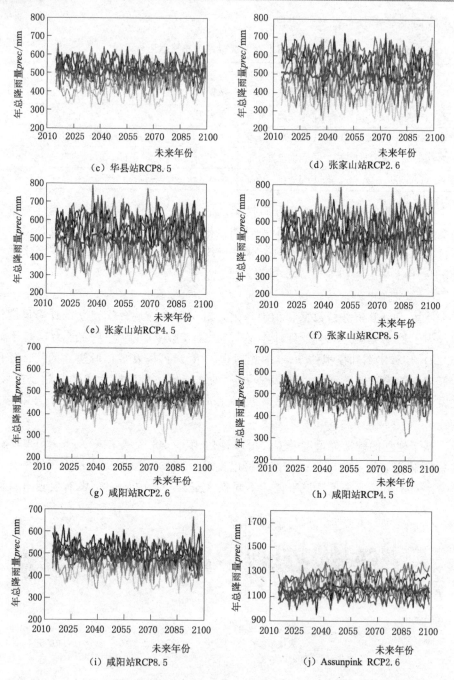

图 5.9（二）　基于不同排放情景下（RCP2.6、RCP4.5 和 RCP8.5）和不同 GCM 模式
输出的未来 2015—2099 年 4 个研究流域年总降雨量 *prec* 的预估图（取 9 种
GCM 预估模式结果的算术平均值作为多模式集合平均值）

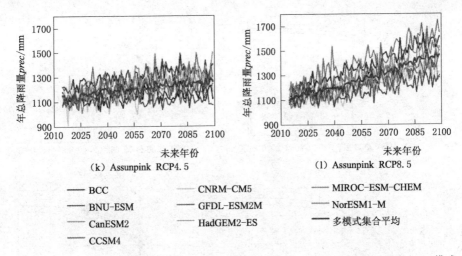

(k) Assunpink RCP4.5   (l) Assunpink RCP8.5

—— BCC	—— CNRM-CM5	—— MIROC-ESM-CHEM
—— BNU-ESM	—— GFDL-ESM2M	—— NorESM1-M
—— CanESM2	—— HadGEM2-ES	—— 多模式集合平均
—— CCSM4		

图 5.9（三）   基于不同排放情景下（RCP2.6、RCP4.5 和 RCP8.5）和不同 GCM 模式
输出的未来 2015—2099 年 4 个研究流域年总降雨量 $prec$ 的预估图（取 9 种
GCM 预估模式结果的算术平均值作为多模式集合平均值）

的趋势，即使在更高的排放情景下（RCP4.5 和 RCP8.5），依然在 500mm 附近波动。而对于 Assunpink 小流域，随着排放情景的增加，不同模式集合平均的 $prec$ 值表现出越来越显著的增加趋势。

2. 未来人口预估

为了预估所选 4 个研究区域未来长期的人口数量变化，本章总共建立了 4 个 logistic 人口增长模型。如图 5.10 所示，观测值紧密地沿着所拟合的增长曲线排列，表明增长曲线拥有良好的拟合效果。3 个增长曲线近似呈现 S 形，并且在 21 世纪末达到最大值。对于渭河华县站 [图 5.10（a）]、张家山站 [图 5.10（b）] 以及咸阳站 [图 5.10（c）] 控制流域来说，在 20 世纪 50 年代至 21 世纪时期人口剧烈增长，随后增长率随着人口数量的增长逐渐放缓，直到稳定。对于 Assunpink 流域 [图 5.10（d）]，在 20 世纪 20—70 年代期间剧烈增长，在之后逐渐达到环境所能承载的人口上限。

5.6.4   基于时变单一分布模型的设计方法比较分析

本节基于模型结构相对简单的时变单一分布模型对不同的非一致性水文设计方法进行比较研究。

假设待建的水利工程预计在 2015—2064 年间投入使用。将之前预估得到的 $prec$ 和 pop 协变量输入到渭河 3 个站点的最优时变单一分布模型中（表 5.3），便可得到未来时期的年超过概率。最终，基于得到的超过概率，应用 ENE、DLL、ER 和 ADLL 方法来计算各站非一致性条件下的设计洪水值。为了公平地

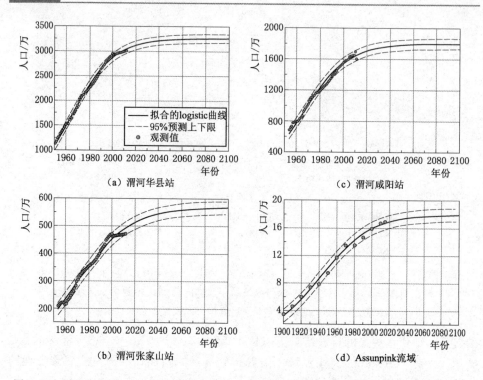

图 5.10　渭河华县站 1951—2099 年、张家山站 1954—2099 年、咸阳站 1954—2099 年以及
Assunpink 流域 1900—2099 年的 logistic 人口增长曲线（实点代表的是观测值，
实线代表的是拟合的 logistic 曲线，虚线是 95％置信区间的上下界）

比较不同的设计方法，同时给出不同设计方法得到的设计值对应的 95％的置信
区间。就像在 5.3 节中讨论的那样，对于给定的设计值，DLL、ER 和 ADLL
相应的重现期有着式（5.28）中表示的近似数学关系。由于 DLL 方法本质上
考虑的是整个工程设计年限内的可靠度，不同于 ER 和 ADLL 方法考虑的是工
程设计年限内的年平均可靠度。因此，为了在同一风险水平下比较不同非一
致性水文设计方法得到的设计值，对于基于平均年可靠度定义的重现期 m，相
应的设计值 $z^{ER}_{T_1-T_2}(m)$ 和 $z^{ADLL}_{T_1-T_2}(m)$ 需要和 $z^{DLL}_{T_1-T_2}(m/T_2-T_1+1)$ 比较，而不是
$z^{DLL}_{T_1-T_2}(m)$。

　　图 5.11～图 5.14 总结了不同协变量情景下（时间协变量和不同 RCP 排放
情景得到的 $prec$ 和 pop）不同水文设计方法得到的对应于重现期 $m\in[2,1000]$
的设计洪水值。同时，为了更加公平地比较 DLL 和其他 3 种方法，DLL 方法推
求的 $m_{DLL}\in[2,20]$［根据式（5.28）对应于 $m\in[100,1000]$］的设计洪水值也
展示在了图 5.11～图 5.14 中。如图 5.11 所示，总体来说，在使用时间协变量
时，对于所有的 3 个流域的重现期 $m\in[2,1000]$，ENE、ER 和 ADLL3 种方法均

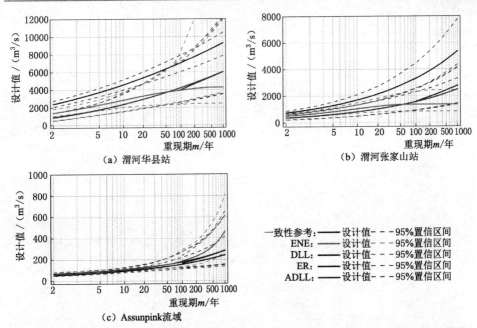

图 5.11　不同工程水文设计方法（ENE、DLL、ER 和 ADLL）使用时间协变量 *t* 得到的
渭河华县站子流域、渭河张家山站子流域和 Assunpink 流域的设计洪水值和
由非一致性 bootstrap 方法得到的 95％置信区间

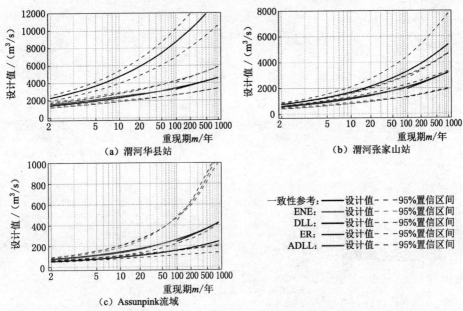

图 5.12　不同工程水文设计方法（ENE、DLL、ER 和 ADLL）使用 *pop* 和 RCP2.6 排放
情景下预估的 *prec* 得到的渭河华县站子流域、渭河张家山站子流域和 Assunpink 流域的
设计洪水值和由非一致性 bootstrap 方法得到的 95％置信区间

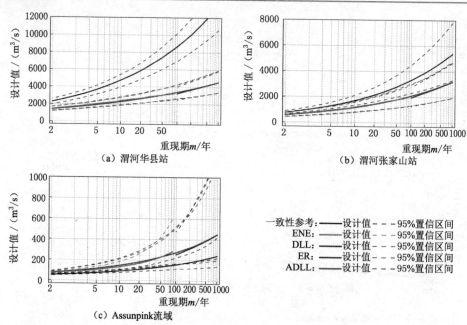

图 5.13   不同工程水文设计方法（ENE、DLL、ER 和 ADLL）使用 *pop* 和 RCP4.5 排放情景下预估的 *prec* 得到的渭河华县站子流域、渭河张家山站子流域和 Assunpink 流域的设计洪水值和由非一致性 bootstrap 方法得到的 95％置信区间

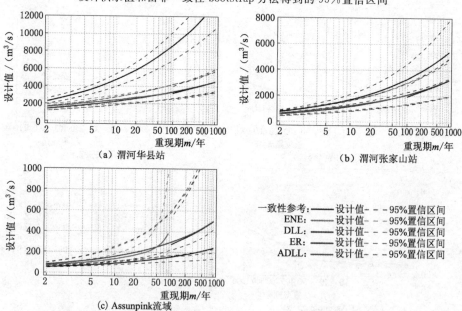

图 5.14   不同工程水文设计方法（ENE、DLL、ER 和 ADLL）使用 *pop* 和 RCP8.5 排放情景下预估的 *prec* 得到的渭河华县站子流域、渭河张家山站子流域和 Assunpink 流域的设计洪水值和由非一致性 bootstrap 方法得到的 95％置信区间

可得到相同或者非常接近的设计值和置信区间。例外是当使用 ENE 方法来推求具有下降趋势的年最大洪水序列的设计值时（渭河华县站和张家山站子流域），ENE 得到的设计值比 ER 方法和 ADLL 方法得到的设计值小，并且在重现期 $m \in [200, 1000]$ 时设计值几乎不变。这是由于在较远的未来，超过概率几乎下降为 0。此外，如果考虑式（5.28）中给出的 DLL 重现期和 ER/ADLL 重现期之间的数学关系，DLL 方法可以得到和其他 3 种方法相似的设计值。在图 5.12～图 5.14 中，通过比较 3 种不同物理协变量情景下（不同 RCP 情景下的 *prec* 协变量和同样的人口协变量）4 种方法得到的设计值和置信区间，可以得到和图 5.11 类似的结论。

从图 5.11～图 5.14 中还可以发现，对于重现期 $m \in [200, 1000]$，ER 和 ADLL 方法得到设计值几乎互相重叠，这和式（5.18）、式（5.27）、式（5.28）中得到的 ER 和 ADLL 数学关系类似。此外，当重现期 $m = 50$（等于工程设计年限长度）时，ENE 方法可以得到和 ADLL 方法一样的设计洪水值。这是可以预见的，因为就像在 5.3 节中讨论的那样，当重现期等于工程的设计年限长度时，由式（5.24）～式（5.26）可知，ENE 方法是 ADLL 方法的一个特例。

此外，从协变量选取的角度来说，渭河华县站子流域使用时间协变量推求的设计洪水值要高于使用物理协变量推求的设计洪水值，并包含更宽的置信区间。而对于渭河张家山站子流域和 Assunpink 流域，使用时间协变量计算的设计洪水值要低于使用物理协变量计算的设计洪水值并包含相当的置信区间。以上结果强调了使用不同非一致性概率分布模型和协变量情景导致的设计洪水和置信区间的差异。

在非一致性条件下，因为 ENE 和 ER 方法是 ADLL 方法的特例或者有着相似的数学表达形式，ENE、ER 和 ADLL 方法可以得到非常相似的设计洪水值。进一步地比较 ENE、ER 和 ADLL 3 种方法，可以发现，尽管 ENE 方法能够得到和 ER、ADLL 方法相似的设计洪水值，该方法并没有考虑工程的设计年限。此外 ENE 方法的应用还受到未来协变量时间长度的限制。如果使用 ENE 方法计算 100 年或者 200 年一遇的设计洪水值，那么必须预估未来 100 年、200 年的协变量，这无疑会带来更大的不确定性。ER 方法和 ADLL 方法从可靠度的角度解决非一致性水文设计问题。两种方法描述了工程设计期内的联合时变概率分布，不需要考虑工程设计年限以外的超过概率。而且 ER 方法使我们能够采用一致性条件下设计可靠度来解决非一致性水文设计问题，从而建立起一致性和非一致性设计标准的联系。因此在变化环境下，本书推荐采用 ER 和 ADLL 进行非一致性设计洪水计算。

5.6.5   基于时变混合分布模型的设计值推求

在 5.6.4 节中，本书基于渭河流域华县站、张家山站以及 Assunpink 流域构建的时变单一分布模型比较了不同非一致性水文设计方法，并推荐在变化环境下采用 ER 和 ADLL 方法进行非一致性水文设计。在此基础上，考虑推求年最大洪水序列表现出更复杂的非一致性的渭河咸阳站子流域的设计洪水值。本节中，基于第 4 章中构建的咸阳站最优时变混合分布模型，采用 ER 和 ADLL 方法计算其设计洪水值。

同样的，假设待建的水利工程运行期为 2015—2064 年。将外延得到的时间协变量 t 或者 5.6.3 节中预估得到的 $prec$ 和 pop 协变量分别输入到咸阳站最优时间协变量 TTMD 模型 ［式 (4.16)］ 和最优物理协变量 TTMD 模型 ［式 (4.17)］ 中，便可得到未来工程运行时期内的年超过概率。最后，应用 5.6.4 节中推荐采用的能够考虑工程设计年限的 ER 和 ADLL 方法推求非一致性条件下咸阳站的设计洪水值。

图 5.15 给出了不同协变量情景下，时变单一分布模型和 TTMD 模型使用 ER 和 ADLL 方法推求的对应重现期 $m \in [2, 200]$ 的设计洪水值。总体来说，无论采用时变单一分布模型还是 TTMD 模型，ER 方法和 ADLL 方法得到的设计

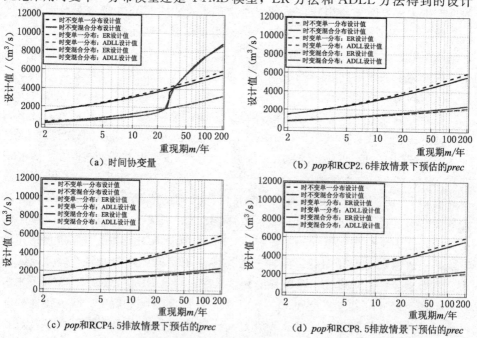

（a）时间协变量

（b）pop 和 RCP2.6 排放情景下预估的 $prec$

（c）pop 和 RCP4.5 排放情景下预估的 $prec$

（d）pop 和 RCP8.5 排放情景下预估的 $prec$

图 5.15   不同协变量情景下时变单一分布模型和 TTMD 模型
使用 ER 和 ADLL 方法计算的设计洪水值

洪水值均非常接近，这与 5.6.4 节中的结论一致。通过对不同协变量情景下的设计洪水值进行分析，可以发现，总体来说 3 种采用 pop 和 $prec$ 物理协变量的设计值结果差别不大（图 5.15），这是因为不同 RCP 排放情景下预估的未来 $prec$ 协变量差别不大。此外，在每一种协变量情景下，基于时变单一分布模型和基于 TTMD 模型推求的设计洪水值较为接近，并且均比时不变单一分布和时不变混合分布（TCMD-T）得到的设计洪水值小。比较特别的是采用时间协变量得到的设计值如图 5.15（a）所示，在 $m\in[2,20]$ 时，采用时间协变量的 TTMD 模型可以得到和时变单一分布模型比较接近的设计值，并且均比时不变单一分布模型和时不变混合分布模型得到的设计值小，然而当 $m\in[20,30]$ 时，基于时间协变量的 TTMD 模型得到的设计值陡然变大，并随着重现期的增加，逐渐超过一致性条件下的设计值。这是由于在式（4.16）中，虽然第一个子分布的位置参数 μ_2 在未来表现出下降趋势，但是第二个子分布的位置参数 μ_2^t 在未来时期表现出显著的增加趋势，并且由于单纯采用时间进行外延时，在未来 μ_2^t 值最高超过 10000 所致。

5.7 本 章 小 结

本章计算了两类时不变混合分布模型 TCMD-T 和 TCMD-F 模型的设计洪水值，并采用参数 bootstrap 方法估计其相应的置信区间。对于挪威 Kirkevollbru 站，TCMD-F 模型推求的设计洪水值大于 TCMD-T 模型，并且对于重现期 $m\in[2,200]$，TCMD-F 模型推求设计洪水值的不确定性总要比 TCMD-T 模型的小超过 50%。TCMD-F 模型更好的预测能力归功于它能够明确地识别不同的洪水形成机制，因此能够提前确定每个子分布背后洪水形成机制的权重系数，而无需采用优化算法估计。

针对基于时变概率分布模型的非一致性设计洪水计算问题，本章介绍了一种能够考虑工程设计年限的非一致性水文设计方法，即 ADLL 方法。随后比较了 ADLL 方法和其他 3 种非一致性水文设计方法，即 ENE、DLL 以及 ER 方法在计算设计洪水值时的表现。将 4 种非一致性水文设计方法应用到渭河华县站子流域、张家山站子流域以及美国的 Assunpink 流域 3 个代表性流域。采用非一致性非参数 bootstrap 方法估计其设计洪水值的不确定性。

本章通过理论分析以及实例验证，发现 ENE、ER 和 ADLL 方法可以得到非常相似的设计洪水值。特别地，当重现期等于工程的设计年限时，ENE 方法可以得到和 ADLL 方法一样的设计值。此外，如果考虑 DLL 重现期和 ER/ADLL 重现期之间的关系，DLL 方法可以得到和其他 3 种方法相似的设计值。进一步地比较 ENE、ER 和 ADLL3 种方法，可以发现，尽管 ENE 方法能够得到和 ER、ADLL 方法相似的设计洪水值,但是该方法并没有考虑工程的设计年限。此外 ENE 方法的应用还受到未来协变量时间长度的限制。ER 方法和 ADLL 方法从可靠度的角度解决非一致性水文设计问题。两种方法描述了工程设计期内的联合时变概率分布,不需要考虑工程设计年限以外的超过概率。而且 ER 方法让我们能够采用一致性条件下设计可靠度来解决非一致性水文设计问题,从而建立起一致性和非一致性设计标准的联系。因此在变化环境下,本书推荐采用 ER 和 ADLL 进行非一致性设计洪水计算。

最后,本章基于 TTMD 模型,采用 ER 和 ADLL 两种设计方法计算咸阳站的设计洪水值。总体来说,在 3 种物理协变量情景下,常用的时变单一分布模型和基于 TTMD 模型所推求的设计洪水值较为接近,且均低于时不变单一分布模型和时不变混合分布模型得到的设计洪水值。而当基于采用时间协变量的最优 TTMD 模型推求设计洪水时,由于第二个子分布位置参数表现出明显的上升趋势,设计洪水值约在重现期时大于 30 年时超过一致性条件下的设计值。

6 结论与展望

6.1 主要研究结论

准确地估计洪水事件所服从的概率分布，并合理地推求设计洪水值对水利工程的规划设计有着重要的意义。然而，受全球气候变化和人类活动的影响，在变化环境下，传统的基于一致性假设的水文频率分析理论已不再适用，如果仍采用一致性设计成果来指导实际工程的规划设计，无疑会增加工程的防洪风险或者增加工程造价。因此，本书主要介绍如何在变化环境下更加准确地估计非一致性洪水极值序列服从的概率分布，以及相应的非一致性设计洪水值推求问题。

针对基于时不变混合分布模型途径的非一致性频率分析方法，本书介绍了采用洪水时间尺度指标来划分洪水形成机制的方法，增强时不变混合分布模型的物理意义和模拟精度。比较了基于划分后洪水子序列的时不变混合分布模型（TCMD-F）与不进行子序列划分的传统时不变混合分布模型（TCMD-T）对洪水序列的拟合效果，及其推求的设计洪水值与不确定性的差异。

在 TCMD-T 模型的基础上，本书介绍了一种能够同时考虑统计参数和分布线型变化的时变混合分布模型（TTMD）。采用具有一定物理意义的社会经济协变量——人口（pop）和气象协变量——年总降雨量（prec）描述权重系数和统计参数的时变特征，应用结合了模拟退火算法和极大似然估计方法的元启发式极大似然算法估计模型参数，并比较了 TTMD 模型与时变单一分布模型的表现及最终推求设计洪水值的差异。

为了解决基于时变概率分布模型的非一致性频率分析的设计值计算问题，本书介绍了一种能够考虑工程设计年限的非一致性水文设计方法——设计年限平均值法，对包括设计年限平均值在内的 4 种非一致性水文设计方法进行了详细的比较研究，分析它们在推求设计洪水值时的差异，并采用非一致性 bootstrap 方法估计其设计洪水值的不确定性。

本书的主要研究结论如下。

（1）渭河华县站子流域、张家山站子流域以及咸阳站子流域的年最大洪水序列均表现出显著的下降趋势/向下跳跃突变，Assunpink 流域的实测年最大洪水序列表现出显著的上升趋势/向上跳跃突变。基于时变单一分布模型的非一致性频率分析结果印证了初步非一致性诊断的结果，无论采用时间协变量还是物理协变量，绝大多数时变单一分布模型的表现要优于时不变单一分布模型。此外，物理协变量相较于简单的时间协变量，拥有更强的解释能力，能够更好地描述洪水序列的非一致性，表明在非一致性洪水频率分析中使用具有物理意义的协变量的必要性和优越性。此外，我们发现在所有的最优模型中，两参数的lognormal分布和gamma分布表现突出，大多数情况下能够很好地拟合非一致性年最大洪水序列。

（2）挪威34个流域的年最大洪水序列的季节性表现出很强的空间变异性。挪威北部的所有站点及高海拔地区的部分站点，洪水事件集中在春末/夏初发生，而挪威西部沿海地区的大多数站点，洪水事件主要集中在夏季和/秋季发生，在其他地区，洪水事件并不集中在某一个季节发生，特别是在挪威南部和东部的内陆地区，年最大洪水事件可能在春/夏和秋/冬均有发生，表明这些地区可能存在不同的洪水形成机制。所选研究区的年最大洪水序列均能被较好地划分为长历时洪水和短历时洪水，其中大部分站点短历时洪水回归方程的确定性系数大于0.9，部分站点的长历时洪水回归方程的确定性系数小于0.9，表明这些站点的年最大洪水序列中可能存在着更多的洪水形成机制。TCMD-T模型和TCMD-F模型的表现都要优于时不变单一分布模型，但是由于洪水机制划分过程中的不确定性以及用来估计子分布参数样本量的减少所带来的不确定性，TCMD-F的模型表现没有TCMD-T模型好。通过选择合适的子分布，TCMD-T模型可以更好地模拟年最大洪水序列表现出来的复杂偏态类型和尾部特性。对比二者计算的设计洪水值和置信区间，发现TCMD-F模型得到的设计值比TCMD-T模型的大，并且TCMD-F模型设计值的不确定性要比TCMD-T的小超过50%。TCMD-F模型更好的预测能力归功于它能够明确的识别不同的洪水形成机制，因此能够提前确定每个子分布背后洪水形成机制的权重系数，而无需采用优化算法估计。因此，在洪水频率分析中考虑明确的划分子序列，有助于提高混合分布模型的物理意义，降低设计成果的不确定性。

（3）稳健的圆形模型统计推断结果表明，张家山水文站的年最大洪水序列表现出显著的季节聚集性，咸阳水文站则表现出显著的季节变异性，说明咸阳水文站年最大洪水序列中存在着不同的洪水形成机制。此外，咸阳站年最大洪水序列、夏季洪水序列和秋季洪水序列均表现出明显的下降趋势。采用 pop 和 $prec$ 协变量的最优TTMD模型的表现要优于采用时间协变量的最优TTMD模型、最优时变单一分布模型、最优时不变混合分布模型以及最优时不变单一分布模型。此外，从协变量的角度进行分析，无论是对于时变单一分布模型还是TTMD模型，采用物理协变量的最优模型的表现都要优于采用时间协变量的最优模型。进一步分析表明，对于咸阳站采用物理协变量的 TTMD 模型来说，同时采用 *pop* 和 *prec* 协变量的 TTMD 模型整体效果往往最好，仅采用 *prec* 协变量的 TTMD 模型效果次之，而仅采用 *pop* 协变量的 TTMD 模型效果最差，充分说明了采用具有不同解释能力的协变量对模型效果的影响。在物理协变量情景下，TTMD 模型和时变单一分布模型计算的设计洪水值较为接近，且均低于时不变单一分布模型和时不变混合分布模型得到的设计洪水值。

（4）ENE、ER 和 ADLL 方法可以得到非常相似的设计洪水值。特别地，当重现期等于工程的设计年限时，ENE 方法可以得到和 ADLL 方法一样的设计值。此外，如果考虑 DLL 重现期和 ER/ADLL 重现期之间的关系，DLL 方法可以得到和其他 3 种方法相似的设计值。进一步地比较 ENE、ER 和 ADLL3 种方法，可以发现，尽管 ENE 方法能够得到和 ER、ADLL 方法相似的设计洪水值，该方法并没有考虑工程的设计年限。此外 ENE 方法的应用还受到未来协变量时间长度的限制。ER 方法和 ADLL 方法从可靠度的角度解决非一致性水文设计问题。两种方法描述了工程设计期内的联合时变概率分布，不需要考虑工程设计年限以外的超过概率。而且 ER 方法让我们能够采用一致性条件下设计可靠度来解决非一致性水文设计问题，从而建立起一致性和非一致性设计标准的联系。因此在变化环境下，推荐采用 ER 和 ADLL 进行非一致性设计洪水计算。

6.2　研　究　展　望

本书较为完整地介绍了非一致性设计洪水计算的基本框架，但是，鉴于真实洪水过程的复杂性，变化环境下的非一致性洪水频率分析理论还有待完善，非一致性设计洪水的推求仍是一个较为复杂的问题。同时，由于资料、时间以及能力上的限制，仍有一些问题需要进一步的研究。

（1）本书在进行时不变混合分布模拟时，由于详细气象资料和小时径流过程资料的缺乏，仅采用半经验划分方法对年最大洪水序列进行洪水类型划分，包含有一定的不确定性。洪水类型划分及洪水子系列确定是本书的关键技术重点，因此，如果资料允许，未来应当考虑采用物理机制更加明确的洪水类型划分方法来提高洪水子序列划分结果的准确性。

（2）统计推断的可靠性很大程度上依赖于实测资料样本量的大小。由于在进行混合分布模拟时，将洪水全序列划分为两个子序列并单独进行参数估计，无疑会降低每个子序列中包含的样本量。在未来，可以考虑采用乘法模型，对季节最大值进行频率分析，能够有效避免在频率分析中降低样本量的大小。同时对不同模型得到的设计洪水值进行比较。

（3）为了降低时变概率分布模型（时变混合分布模型、时变单一分布模型）

带来的不确定性，本书中时变概率分布模型的结构相对简单，仅假设统计参数具有线性趋势，可能较难应用到工程实际中。此外，在时变矩法框架下估计的模型参数，如描述位置参数 μ_t 变化的 $\boldsymbol{\alpha} = (\alpha_0, \cdots, \alpha_n)^{\mathrm{T}}$ 或者描述尺度参数 σ_t 变化的 $\boldsymbol{\beta} = (\beta_0, \cdots, \beta_n)^{\mathrm{T}}$ 的物理意义并不明确。因此，在未来应该研究能够更好地描述洪水事件变化特征、并且模型参数拥有更强物理意义的模型结构。

（4）本书介绍的 TTMD 模型有着良好的拟合优度，且整体表现优于时变单一分布模型、时不变混合分布模型和时不变单一分布模型。这充分说明了在非一致性洪水频率分析中，考虑子分布统计参数和分布线型变化的优势。同时，需要指出的是，相比于其他概率分布模型，TTMD 模型包含有更多的参数，导致常用的参数估计方法失效，这在一定程度上会限制它的应用。因此，将来应当研究更加稳健的参数估计方法。此外，本书在构建 TTMD 模型时，仅选择了 gamma 分布和 Weibull 两种备选子分布，将来一方面可以选取更多的备选分布，另一方面应当加强考虑概率分布尾部特征的洪水频率分布选取的研究。

（5）在非一致性洪水设计中，如何模拟洪水概率分布在未来的演变是最具挑战性的问题之一，其高度依赖于未来协变量的预估。非一致性频率分析中使用的协变量应当满足以下两个要求：①具有足够的解释能力来描述洪水频率的变化特征；②能够得到可靠的未来预估值。本书选择 pop 和 prec 作为协变量：一方面因为它们和洪水过程密切相关，另一方面它们可以用相对成熟的人口增长模型和全球气候模型进行预估。特别地，pop 可以看作是人类活动强度的体现或城市化和土地利用的简单概化。然而，人类活动通过修建水库大坝等方式，强烈干扰了陆地水循环的自然过程，因此相较于直接对未来土地利用或者水库规模进行分析，使用 pop 协变量在刻画与洪水频率有关的物理过程方面具有一定的局限性。因此，在未来的研究中，有必要探索更多和洪水的物理过程关系更紧密、且具有更强解释能力的协变量，同时提高未来协变量预估的可靠性。

（6）本书结果表明非一致性设计值包含有较大的不确定性，这一方面是由于非一致性概率模型结构更加复杂，并且假设模型参数和协变量的关系可以扩展到未来时期；另一方面是由于协变量预估的不确定性。因此，目前看来，非一致性洪水频率分析与工程实际应用仍有较远的距离。在未来，非一致性概率分布估计理论及非一致性设计值推求方法有待进一步的研究。

参 考 文 献

[1] 曾杭. 非一致性洪水分析计算及对水利工程防洪影响研究 [D]. 天津：天津大学，2015.

[2] 陈雷. 积极应对全球气候变化着力保障中国水安全 [J]. 中国水利，2010 (8)：2 - 3.

[3] 成静清. 非一致性年径流序列频率分析计算 [D]. 杨凌：西北农林科技大学，2010.

[4] 成静清，宋松柏. 基于混合分布非一致性年径流序列频率参数的计算 [J]. 西北农林科技大学学报：自然科学版，2010，38 (2)：229 - 234.

[5] 丁晶. 洪水时间序列干扰点的统计推估 [J]. 武汉大学学报（工学版），1986 (5)：38 - 43.

[6] 董洁，谢悦波，翟金波. 非参数统计在洪水频率分析中的应用与展望 [J]. 河海大学学报（自然科学版），2004，32 (1)：23 - 26.

[7] 杜涛. 气候变化背景下非一致性设计洪水流量研究 [D]. 武汉：武汉大学，2016.

[8] 杜涛，熊立华，江聪. 渭河流域降雨时间序列非一致性频率分析 [J]. 干旱区地理，2014，37 (3)：468 - 479.

[9] 杜涛，熊立华，李帅，等. 基于风险的非一致性设计洪水及其不确定性研究 [J]. 水利学报，2018，49 (2)：241 - 253.

[10] 方彬，郭生练，郭富强，等. 汛期分期的圆形分布法研究 [J]. 水文，2007，27 (5)：7 - 11.

[11] 冯平，曾杭，李新. 混合分布在非一致性洪水频率分析的应用 [J]. 天津大学学报（自然科学与工程技术版），2013，46 (4)：298 - 303.

[12] 冯平，黄凯. 水文序列非一致性对其参数估计不确定性影响研究 [J]. 水利学报，2015，46 (10)：1145 - 1154.

[13] 顾西辉，张强. 考虑水文趋势影响的珠江流域非一致性洪水风险分析 [J]. 地理研究，2014，33 (9)：1680 - 1693.

[14] 顾西辉，张强，陈晓宏，等. 中国多尺度不同量级极端降水发生率非平稳性研究 [J]. 水利学报，2017，48 (5)：505 - 515.

[15] 顾西辉，张强，王宗志. 1951—2010 年珠江流域洪水极值序列平稳性特征研究 [J]. 自然资源学报，2015，30 (5)：824 - 835.

[16] 郭生练. 设计洪水研究进展与评价 [M]. 北京：中国水利水电出版社，2005.

[17] 郭生练，刘章君，熊立华. 设计洪水计算方法研究进展与评价 [J]. 水利学报，2016，47 (3)：302 - 314.

[18] 国家防汛抗旱总指挥部. 2016 中国水旱灾害公报 [M]. 北京：中国水利水电出版社，2017.

[19] 国家防汛抗旱总指挥部. 2006 中国水旱灾害公报 [M]. 北京：中国水利水电出版社，2007.

[20] 胡义明，梁忠民. 变化环境下的水文频率分析方法及应用 [M]. 南京：河海大学出版

社, 2017.

[21] 胡义明, 梁忠民, 杨好周, 等. 基于趋势分析的非一致性水文频率分析方法研究 [J]. 水力发电学报, 2013, 32 (5): 21 - 25.

[22] 胡义明, 梁忠民, 赵卫民, 等. 基于跳跃性诊断的非一致性水文频率分析 [J]. 人民黄河, 2014, 36 (6): 51 - 53.

[23] 江聪. 考虑水文过程的年径流非一致性分析 [D]. 武汉: 武汉大学, 2017.

[24] 江聪, 熊立华. 基于 GAMLSS 模型的宜昌站年径流序列趋势分析 [J]. 地理学报, 2012, 67 (11): 1505 - 1514.

[25] 金光炎. 水文频率分析述评 [J]. 水科学进展, 1999, 10 (3): 319 - 327.

[26] 晶丁, 邓育仁. 随机水文学 [M]. 成都: 成都科技大学出版社, 1988.

[27] 康玲, 陈辉, 姜铁兵, 等. 基于遗传模拟退火算法的洪水频率计算研究 [J]. 广西水利水电, 2003 (2): 37 - 40.

[28] 李新, 曾杭, 冯平. 洪水序列变异条件下的频率分析与计算 [J]. 水力发电学报, 2014, 33 (6): 11 - 19.

[29] 梁忠民, 胡义明, 黄华平, 等. 非一致性条件下水文设计值估计方法探讨 [J]. 南水北调与水利科技, 2016, 14 (1): 50 - 53, 83.

[30] 梁忠民, 胡义明, 王军. 非一致性水文频率分析的研究进展 [J]. 水科学进展, 2011, 22 (6): 864 - 871.

[31] 梁忠民, 胡义明, 王军, 等. 基于等可靠度法的变化环境下工程水文设计值估计方法 [J]. 水科学进展, 2017, 28 (3): 398 - 405.

[32] 梁忠民, 宁方贵, 王钦钊. 权函数水文频率分析方法的一种应用 [J]. 河海大学学报 (自然科学版), 2001, 29 (4): 95 - 98.

[33] 林洁, 夏军. 淮河流域非一致性序列的水文频率计算 [J]. 水资源研究, 2014, 3 (3): 198 - 207.

[34] 刘德地, 杜佩玲. 不同条件下水文要素重现期的计算方法 [J]. 水文, 2014, 34 (5): 1 - 5.

[35] 刘光文. 皮尔逊Ⅲ型分布参数估计 [J]. 水文, 1990 (4): 1 - 15.

[36] 刘力, 周建中, 杨俊杰, 等. 粒子群优化适线法在水文频率分析中的应用 [J]. 水文, 2009, 29 (2): 21 - 23.

[37] 陆中央. 关于年径流量系列的还原计算问题 [J]. 水文, 2000, 20 (6): 9 - 12.

[38] 马秀峰. 计算水文频率参数的权函数法 [J]. 水文, 1984 (3): 3 - 10.

[39] 桑燕芳, 王栋, 吴吉春. 水文频率分析中参数估计 SAGA - ML 方法的研究 [J]. 水文, 2009, 29 (5): 23 - 29.

[40] 史黎翔, 宋松柏. 具有趋势变异的非一致水文序列重现期计算研究 [J]. 水力发电学报, 2016, 35 (5): 40 - 46.

[41] 宋德敦, 丁晶. 概率权重矩法及其在 P-Ⅲ 分布中的应用 [J]. 水利学报, 1988 (3): 3 - 13.

[42] 宋松柏, 李扬, 蔡明科. 具有跳跃变异的非一致分布水文序列频率计算方法 [J]. 水利学报, 2012, 43 (6): 734 - 739.

[43] 唐亦汉, 陈晓宏. 近 50 年珠江流域降雨多尺度时空变化特征及其影响 [J]. 地理科学,

2015, 35 (4): 476 - 482.

[44] 唐亦汉, 陈晓宏, 陈幸桢. 基于分季序列考虑洪源差异的非一致性洪水频率计算 [J].
中山大学学报 (自然科学版), 2016, 55 (3): 1 - 5.

[45] 唐亦汉, 陈晓宏, 叶长青, 等. 考虑历史洪水的混合分布对不同尾型分布的应用对比
研究 [J]. 水力发电学报, 2015, 34 (4): 31 - 37.

[46] 王国庆, 张建云, 刘九夫, 等. 气候变化和人类活动对河川径流影响的定量分析 [J].
中国水利, 2008 (2): 55 - 58.

[47] 王浩. 中国水资源问题与可持续发展战略研究 [M]. 北京: 中国电力出版社, 2010.

[48] 王军, 宁亚伟, 胡义明, 等. 混合分布在非一致性水文频率分析中的应用 [J]. 南水北
调与水利科技, 2017, 15 (3): 1 - 4.

[49] 王文圣, 丁晶, 邓育仁. 非参数统计方法在水文水资源中的应用与展望 [J]. 水科学进
展, 1999, 10 (4): 458 - 463.

[50] 王占海, 陈元芳, 倪夏梅, 等. 遗传算法在 P - Ⅲ 型分布曲线参数估值中的应用 [J].
人民黄河, 2009, 31 (9): 21 - 23.

[51] 王忠静, 李宏益, 杨大文. 现代水资源规划若干问题及解决途径与技术方法
(一) ——还原 "失真" 与 "失效"[J]. 海河水利, 2003 (1): 13 - 16.

[52] 吴孝情, 陈晓宏, 唐亦汉, 等. 珠江流域非平稳性降雨极值时空变化特征及其成因
[J]. 水利学报, 2015, 46 (9): 1055 - 1063.

[53] 夏军, 李原园. 气候变化影响下中国水资源的脆弱性与适应对策 [M]. 北京: 科学出
版社, 2016.

[54] 夏军, 穆宏强, 邱训平, 等. 水文序列的时间变异性分析 [J]. 长江工程职业技术学院
学报, 2001, 18 (3): 1 - 4.

[55] 夏军, 石卫. 变化环境下中国水安全问题研究与展望 [J]. 水利学报, 2016, 47 (3):
292 - 301.

[56] 谢平, 陈广才, 雷红富. 变化环境下基于跳跃分析的水资源评价方法 [J]. 干旱区地
理, 2008, 31 (4): 588 - 593.

[57] 谢平, 陈广才, 雷红富. 变化环境下基于趋势分析的水资源评价方法 [J]. 水力发电学
报, 2009, 28 (2): 14 - 19.

[58] 谢平, 陈广才, 雷红富, 等. 水文变异诊断系统 [J]. 水力发电学报, 2010, 29 (1):
85 - 91.

[59] 谢平, 陈广才, 夏军. 变化环境下非一致性年径流序列的水文频率计算原理 [J]. 武汉
大学学报 (工学版), 2005, 38 (6): 6 - 9.

[60] 谢平, 李彬彬, 李析男, 等. 变化环境下非一致性水问题研究进展 [J]. 水资源研究,
2014, 3 (6): 556 - 563.

[61] 谢平, 孙思瑞, 赵江艳, 等. 变化环境下洞庭湖洪水变异规律及防洪安全评价研究展
望 [J]. 华北水利水电大学学报 (自然科学版), 2017, 38 (3): 1 - 8.

[62] 熊立华, 江聪, 杜涛, 等. 变化环境下非一致性水文频率分析研究综述 [J]. 水资源研
究, 2015, 4 (4): 310 - 319.

[63] 熊立华, 闫磊, 李凌琪, 等. 变化环境对城市暴雨及排水系统影响研究进展 [J]. 水科
学进展, 2017 (6): 930 - 942.

［64］ 熊立华，郭生练，江聪.非一致性水文概率分布估计理论和方法［M］.北京：科学出版社，2018.

［65］ 徐宗学，刘浏.太湖流域气候变化检测与未来气候变化情景预估［J］.水利水电科技进展，2012，32（1）：1-7.

［66］ 薛毅，陈立萍.统计建模与R软件［M］.北京：清华大学出版社，2006.

［67］ 闫磊，熊立华，王景芸.基于SWMM的武汉市典型城区降雨径流模拟分析［J］.水资源研究，2014，3（3）：216-228.

［68］ 叶守泽，詹道江.工程水文学［M］.3版.北京：中国水利水电出版社，2007.

［69］ 叶长青，陈晓宏，张丽娟，等.变化环境下武江超定量洪水门限值响应规律及影响［J］.水科学进展，2013a，24（3）：392-401.

［70］ 叶长青，陈晓宏，邵全喜，等.考虑高水影响的洪水频率分布线型对比研究［J］.水利学报，2013b，44（6）：694-702.

［71］ 于坤霞.枯水流量频率分析方法研究［D］.武汉：武汉大学，2014.

［72］ 张洪波，王斌，辛琛，等.去趋势预置白方法对径流序列趋势检验的影响［J］.水力发电学报，2016，35（12）：56-69.

［73］ 张建云，王国庆，等.气候变化对水文水资源影响研究［M］.北京：科学出版社，2007.

［74］ 张建云，王国庆，杨扬，等.气候变化对中国水安全的影响研究［J］.气候变化研究进展，2008，4（5）：290-295.

［75］ 张丽娟，陈晓宏，叶长青，等.考虑历史洪水的武江超定量洪水频率分析［J］.水利学报，2013，44（3）：268-275.

［76］ 章诞武，丛振涛，倪广恒.基于中国气象资料的趋势检验方法对比分析［J］.水科学进展，2013，24（4）：490-496.

［77］ 赵明哲，宋松柏.基于熵原理的年降水频率分布参数估计研究［J］.西北农林科技大学学报：自然科学版，2017，45（3）：198-204.

［78］ 中华人民共和国水利部.水利水电工程设计洪水计算规范：SL 44—2006［M］.北京：中国水利水电出版社，2006.

［79］ 中华人民共和国水利部.水利水电工程水文计算规范：SL 278—2002［M］.北京：中国水利水电出版社，2002.

［80］ 左德鹏，徐宗学，隋彩虹，等.气候变化和人类活动对渭河流域径流的影响［J］.北京师范大学学报（自然科学版），2013，49（2）：115-123.

［81］ Akaike H，1974. A new look at the statistical model identification［J］. IEEE Transactions on Automatic Control，19（6）：716-723.

［82］ Alila Y，Mtiraoui A，2002. Implications of heterogeneous flood - frequency distributions on traditional stream - discharge prediction techniques［J］. Hydrological Processes，16（5）：1065-1084.

［83］ Alipour M H，Rezakhani A T，Shamsai A，2016. Seasonal fractal - scaling of floods in two U. S. water resources regions［J］. Journal of Hydrology，540：232-239.

［84］ Antonetti M，Buss R，Scherrer S，et al，2016. Mapping dominant runoff processes：an evaluation of different approaches using similarity measures and synthetic runoff simulations [J]. Hydrology and Earth System Sciences, 20 (7): 2929 – 2945.

[85] Arnell N W, Gosling S N, 2016. The impacts of climate change on river flow regimes at the global scale [J]. Climatic Change, 134 (3): 387 – 401.

[86] Bardsley W E, 2016. Cautionary note on multicomponent flood distributions for annual maxima [J]. Hydrological Processes, 30 (20): 3730 – 3732.

[87] Barth N A, Villarini G, Nayak M A, et al, 2017. Mixed populations and annual flood frequency estimates in the western United States: the role of atmospheric rivers [J]. Water Resources Research, 53 (1): 257 – 269.

[88] Bell F C, Kar S O, 1969. Characteristic response times in design flood estimation [J]. Journal of Hydrology, 8 (2): 173 – 196.

[89] Berghuijs W R, Woods R A, Hutton C J, et al, 2016. Dominant flood generating mechanisms across the United States [J]. Geophysical Research Letters, 43 (9): 4382 – 4390.

[90] Brunner M I, Viviroli D, Sikorska A E, et al, 2017. Flood type specific construction of synthetic design hydrographs [J]. Water Resources Research, 53 (2): 1390 – 1406.

[91] Buchanan M K, Kopp R E, Oppenheimer M, et al, 2015. Allowances for evolving coastal flood risk under uncertain local sea – level rise [J]. Climatic Change, 137 (3 – 4): 347 – 362.

[92] Burn D H, 1997. Catchment similarity for regional flood frequency analysis using seasonality measures [J]. Journal of Hydrology, 202 (1 – 4): 212 – 230.

[93] Cannon A J, 2010. A flexible nonlinear modelling framework for nonstationary generalized extreme value analysis in hydroclimatology [J]. Hydrological Processes, 24 (6): 673 – 685.

[94] Chang J, Wang Y, Istanbulluoglu E, et al, 2015. Impact of climate change and human activities on runoff in the Weihe River Basin, China [J]. Quaternary International, 380 – 381: 169 – 179.

[95] Chang J, Zhang H, Wang Y, et al, 2016. Assessing the impact of climate variability and human activities on streamflow variation [J]. Hydrology and Earth System Sciences, 20 (4): 1547 – 1560.

[96] Chen C, Xie G, Zhen L, et al, 2008. Analysis on Jinghe watershed vegetation dynamics and evaluation on its relation with precipitation [J]. Acta Ecologica Sinica, 28 (3): 925 – 938.

[97] Chen H, Guo S, Xu C Y, et al, 2007. Historical temporal trends of hydro – climatic variables and runoff response to climate variability and their relevance in water resource management in the Hanjiang Basin [J]. Journal of Hydrology, 344 (3): 171 – 184.

[98] Chen H, Xu C, Guo S, 2012. Comparison and evaluation of multiple GCMs, statistical downscaling and hydrological models in the study of climate change impacts on runoff [J]. Journal of Hydrology, 434 – 435: 36 – 45.

[99] Chen J, Brissette F P, Chaumont D, et al, 2013. Finding appropriate bias correction methods in downscaling precipitation for hydrologic impact studies over North America [J]. Water Resources Research, 49 (7): 4187 – 4205.

［100］ Chen J, Brissette F P, Lucas – Picher P, 2016. Transferability of optimally – selected climate models in the quantification of climate change impacts on hydrology [J]. Climate Dynamics, 47 (9 – 10): 1 – 14.

［101］ Chen L, Singh V P, Guo S, et al, 2013. A new method for identification of flood seasons using directional statistics [J]. Hydrological Sciences Journal, 58 (1): 28 – 40.

［102］ Chow V, Maidment D, Mays L, 1988. Applied hydrology [M]. New York: McGraw – Hill.

［103］ Coles S, 2001. An introduction to statistical modeling of extreme values [M]. Berlin: Springer.

［104］ Collins M J, Kirk J P, Pettit J, et al, 2014. Annual floods in New England (USA) and Atlantic Canada: synoptic climatology and generating mechanisms [J]. Physical Geography, 35 (3): 195 – 219.

［105］ Condon L E, Gangopadhyay S, Pruitt T, 2015. Climate change and non – stationary flood risk for the Upper Truckee River Basin [J]. Hydrology and Earth System Sciences, 19 (1): 159 – 175.

［106］ Cooley D, 2013. Return periods and return levels under climate change [A]. AghaKouchak A, Easterling D, Hsu K, et al. Extremes in a Changing Climate. Berlin: Springer: 97 – 114.

［107］ Croarkin C, Tobias P, Filliben J J. NIST/Sematech e – handbook of statistical methods [M/OL]. [8/31/2017]. http: //www. itl. nist. gov/div898/handbook/.

［108］ Davison A C, Hinkley D V, 1997. Bootstrap methods and their application [M]. Cambridge: Cambridge University Press.

［109］ Dhakal N, Jain S, Gray A, et al, 2015. Nonstationarity in seasonality of extreme precipitation: a nonparametric circular statistical approach and its application [J]. Water Resources Research, 51 (6): 4499 – 4515.

［110］ Dow C L, DeWalle D R, 2000. Trends in evaporation and Bowen Ratio on urbanizing watersheds in eastern United States [J]. Water Resources Research, 36 (7): 1835 – 1843.

［111］ Dowsland K A, Thompson J M, 2012. Simulated annealing [A]. Rozenberg G, Bäck T, Kok J N. Handbook of Natural Computing . Berlin: Springer: 1623 – 1655.

［112］ Du T, Xiong L, Xu C, et al, 2015. Return period and risk analysis of nonstationary low – flow series under climate change [J]. Journal of Hydrology, 527: 234 – 250.

［113］ Dunn P K, Smyth G K, 1996. Randomized quantile residuals [J]. Journal of Computational and Graphical Statistics, 5 (3): 236 – 244.

［114］ Efron B, 1979. Bootstrap methods: another look at the Jackknife [J]. Annals of Statistics, 7 (1): 1 – 26.

［115］ Efron B, Tibshirani R, 1986. Bootstrap methods for standard errors, confidence intervals, and other measures of statistical accuracy [J]. Statistical Science, 1 (1): 54 – 75.

［116］ Eisenhauer J G, 2003. Regression through the Origin [J]. Teaching Statistics, 25 (3): 76 – 80.

［117］ El Adlouni S, Bobée B, Ouarda T B M J, 2008. On the tails of extreme event distributions in hydrology [J]. Journal of Hydrology, 355 (1 - 4): 16 - 33.

[118] Evin G, Merleau J, Perreault L, 2011. Two - component mixtures of normal, gamma, and Gumbel distributions for hydrological applications [J]. Water Resources Research, 47 (8): W08525.

[119] Filliben J J, 1975. The probability plot correlation coefficient test for normality [J]. Technometrics, 17 (1): 111 - 117.

[120] Fiorentino M, Arora K, Singh V P, 1987. The two - component extreme value distribution for flood frequency analysis: Derivation of a new estimation method [J]. Stochastic Hydrology and Hydraulics, 1 (3): 199 - 208.

[121] Fischer S, Schumann A, Schulte M, 2016. Characterisation of seasonal flood types according to timescales in mixed probability distributions [J]. Journal of Hydrology, 539: 38 - 56.

[122] Gaál L, Szolgay J, Kohnová S, et al, 2012. Flood timescales: understanding the interplay of climate and catchment processes through comparative hydrology [J]. Water Resources Research, 48 (4): W04511.

[123] Gaál L, Szolgay J, Kohnová S, et al, 2015. Dependence between flood peaks and volumes: a case study on climate and hydrological controls [J]. Hydrological Sciences Journal, 60 (6): 968 - 984.

[124] Greenwood J A, Landwehr J M, Matalas N C, et al, 1979. Probability weighted moments: definition and relation to parameters of several distributions expressable in inverse form [J]. Water Resources Research, 15 (5): 1049 - 1054.

[125] Gu X, Zhang Q, Singh V P, et al, 2017. Nonstationarity - based evaluation of flood risk in the Pearl River basin: changing patterns, causes and implications [J]. International Association of Scientific Hydrology Bulletin, 62 (2): 246 - 258.

[126] Hamed K H, Rao A R, 1998. A modified Mann - Kendall trend test for autocorrelated data [J]. Journal of Hydrology, 204 (1 - 4): 182 - 196.

[127] Hanssen - Bauer I, Drange H, Førland E J, et al, 2009. Klima i Norge 2100. Bakgrunnsmateriale til NOU Klimatilplassing [R]. 2009.

[128] Hosking J, 1990. L - moments: analysis and estimation of distribution using linear combinations of order statistics [J]. Journal of Royal Statistical Society, 52 (1): 105 - 124.

[129] Hu Y, Liang Z, Chen X, et al, 2017a. Estimation of design flood using EWT and ENE metrics and uncertainty analysis under non - stationary conditions [J]. Stochastic Environmental Research & Risk Assessment, (24): 1 - 10.

[130] Hu Y, Liang Z, Singh V P, et al, 2017b. Concept of equivalent reliability for estimating the design flood under non - stationary conditions [J]. Water Resources Management, (3): 1 - 15.

[131] Huang S, Liu D, Huang Q, et al, 2016. Contributions of climate variability and human activities to the variation of runoff in the Wei River Basin, China [J]. Hydrological Sciences Journal, 61 (6): 1026 - 1039.

[132] Hwang C L, Yoon K, 1981. Multiple attribute decision making: methods and applica-

tions [M]. New York: Springer - Verlag.

[133] IPCC, 2013. Climate Change 2013: The physical science basis, contribution of working group I to the fifth assessment report of the intergovernmental panel on climate change [M]. Cambridge: Cambridge University Press.

[134] Jiang C, Xiong L, Xu C, et al, 2015a. Bivariate frequency analysis of nonstationary low - flow series based on the time - varying copula [J]. Hydrological Processes, 29 (6): 1521 - 1534.

[135] Jiang C, Xiong L, Wang D, et al, 2015b. Separating the impacts of climate change and human activities on runoff using the Budyko - type equations with time - varying parameters [J]. Journal of Hydrology, 522: 326 - 338.

[136] Kendall M G, 1975. Rank correlation methods [M]. London: Charles Griffin.

[137] Khaliq M N, Ouarda T B M J, Ondo J C, et al, 2006. Frequency analysis of a sequence of dependent and/or non - stationary hydro - meteorological observations: a review [J]. Journal of Hydrology, 329 (3 - 4): 534 - 552.

[138] Kirkpatrick S, Gelatt C D, Vecchi M P, 1983. Optimization by simulated annealing [J]. Science, 220 (4598): 671 - 680.

[139] Kottegoda N T, Rosso R, 2008. Applied statistics for civil and environmental engineers [M]. New Jersey: Wiley - Blackwell.

[140] Koutsoyiannis D. Rainfall disaggregation methods: theory and applications [A]. //Workshop on Statistical and Mathematical Methods for Hydrological Analysis [C], 2003.

[141] Kysely J, 2008. A cautionary note on the use of nonparametric bootstrap for estimating uncertainties in extreme - value models [J]. Journal of Applied Meteorology and Climatology, 47 (12): 3236 - 3251.

[142] Lee T, Jeong C, 2014. Frequency analysis of nonidentically distributed hydrometeorological extremes associated with large - scale climate variability applied to South Korea [J]. Journal of Applied Meteorology and Climatology, 53 (5): 1193 - 1212.

[143] Leytham K M, 1984. Maximum likelihood estimates for the parameters of mixture distributions [J]. Water Resources Research, 20 (7): 896 - 902.

[144] Li L, Krasovskaia I, Xiong L, et al. Analysis and projection of runoff variation in three Chinese rivers [J]. Hydrology Research, 2017, 48 (5): 1296 - 1310.

[145] Liang Z, Hu Y, Li B, et al, 2014. A modified weighted function method for parameter estimation of Pearson type three distribution [J]. Water Resources Research, 50 (4): 3216 - 3228.

[146] Liu D, Guo S, Lian Y, et al, 2015. Climate - informed low - flow frequency analysis using nonstationary modelling [J]. Hydrological Processes, 29 (9): 2112 - 2124.

[147] Longobardi A, Villani P, Guida D, et al, 2016. Hydro - geo - chemical streamflow analysis as a support for digital hydrograph filtering in a small, rainfall dominated, sandstone watershed [J]. Journal of Hydrology, 539, 177 - 187.

[148] López J, Francés F, 2013. Non - stationary flood frequency analysis in continental Spanish rivers, using climate and reservoir indices as external covariates [J]. Hydrology and

Earth System Sciences Discussions, 17 (8): 3103 – 3142.

[149] Mann H B, 1945. Nonparametric test against trend [J]. Econometrica, 13 (3): 245 – 259.

[150] Mardia K, Jupp P, 2000. Directional Statistics [M]. Chichester: John Wiley & Sons.

[151] McLachlan G, Peel D, 2000. Finite Mixture Model [M]. New York: John Wiley & Sons, Inc.

[152] Merz R, Blöschl G, 2003. A process typology of regional floods [J]. Water Resources Research, 39 (12): 1340.

[153] Milly P C D, Betancourt J, Falkenmark M, et al, 2008. Stationarity is dead: whither water management? [J]. Science, 319 (5863): 573 – 574.

[154] Milly P, Betancourt J, Falkenmark M, et al, 2015. On critiques of "stationarity is dead: whither water management?" [J]. Water Resources Research, 51 (9): 7785 – 7789.

[155] Montanari A, Young G, Savenije H, et al, 2013. "Panta Rhei – Everything Flows": change in hydrology and society – the IAHS scientific decade 2013 – 2022 [J]. Hydrological Sciences Journal, 58 (6): 1256 – 1275.

[156] Obeysekera J, Salas J, 2014. Quantifying the uncertainty of design floods under nonstationary conditions [J]. Journal of Hydrologic Engineering, 19 (7): 1438 – 1446.

[157] Olsen R, Lambert J H, Haimes Y Y, 1998. Risk of extreme events under nonstationary conditions [J]. Risk Analysis, 18: 497 – 510.

[158] Parey S, Hoang T T H, Dacunha Castelle D, 2010. Different ways to compute temperature return levels in the climate change context [J]. Environmetrics, 21 (7 – 8): 698 – 718.

[159] Parey S, Malek F, Laurent C, et al, 2007. Trends and climate evolution: statistical approach for very high temperatures in France [J]. Climatic Change, 81 (3 – 4): 331 – 352.

[160] Pettitt A N, 1979. A Non – parametric approach to the change – point problem [J]. Journal of the Royal Statistical Society, 28 (2): 126 – 135.

[161] Pewsey A, Neuhäuser M, Ruxton G, 2013. Circular Statistics in R [M]. Oxford: Oxford University Press.

[162] Qu C, Li J, Yan L, et al, 2020. Non – Stationary flood frequency analysis usingcubic B – Spline – Based GAMLSS model [J]. Water, 12: 1867.

[163] Read L K, Vogel R M, 2015. Reliability, return periods, and risk under nonstationarity [J]. Water Resources Research, 51 (8): 6381 – 6398.

[164] Rigby R A, Stasinopoulos D M, 2005. Generalized additive models for location, scale and shape [J]. Journal of the Royal Statistical Society, 54 (7): 507 – 554.

[165] Romanowicz R J, Bogdanowicz E, Debele S E, et al, 2016. Climate change impact on hydrological extremes: preliminary results from the Polish – Norwegian project [J]. Acta Geophysica, 64: 477.

[166] Rootzén H, Katz R W, 2013. Design life level: quantifying risk in a changing climate [J]. Water Resources Research, 49 (9): 5964 – 5972.

[167] Rossi F, Fiorentino M, Versace P, 1984. Two – component extreme value distribution for flood frequency analysis [J]. Water Resources Research, 20 (7): 847 – 856.

[168] Rulfová Z, Buishand A, Roth M, et al, 2016. A two - component generalized extreme value distribution for precipitation frequency analysis [J]. Journal of Hydrology, 534: 659 - 668.

[169] Salas J D, Obeysekera J, 2014. Revisiting the concepts of return period and risk for non-stationary hydrologic extreme events [J]. Journal of Hydrologic Engineering, 19 (3): 554 - 568.

[170] Salas J, Heo J, Lee D, et al, 2013. Quantifying the uncertainty of return period and risk in hydrologic design [J]. Journal of Hydrologic Engineering, 18 (5): 518 - 526.

[171] Schwarz G, 1978. Estimating the dimension of a model [J]. The Annals of Statistics, 6 (2): 461 - 464.

[172] Sekhon J S, 2011. Multivariate and propensity score matching software with automated balance optimization: the matching package for R [J]. Journal of Statistical Software, 42 (7): 1 - 52.

[173] Serinaldi F, 2009. Assessing the applicability of fractional order statistics for computing confidence intervals for extreme quantiles [J]. Journal of Hydrology, 376 (3 - 4): 528 - 541.

[174] Serinaldi F, Kilsby C G, 2015. Stationarity is undead: uncertainty dominates the distribution of extremes [J]. Advances in Water Resources, 77: 17 - 36.

[175] Shin J Y, Heo J H, Jeong C, et al, 2014. Meta - heuristic maximum likelihood parameter estimation of the mixture normal distribution for hydro - meteorological variables [J]. Stochastic Environmental Research & Risk Assessment, 28 (2): 347 - 358.

[176] Shin J, Ouarda T B M J, Lee T, 2016. Heterogeneous mixture distributions for modeling wind speed, application to the UAE [J]. Renewable Energy, 91: 40 - 52.

[177] Sikorska A E, Viviroli D, Seibert J, 2015. Flood - type classification in mountainous catchments using crisp and fuzzy decision trees [J]. Water Resources Research, 51 (10): 7959 - 7976.

[178] Singh K P, Sinclair R A, 1972. Two - distribution method for flood frequency analysis [J]. Journal of the Hydraulics Division, 98 (1): 29 - 44.

[179] Singh V P, Wang S X, Zhang L, 2005. Frequency analysis of nonidentically distributed hydrologic flood data [J]. Journal of Hydrology, 307 (1 - 4): 175 - 195.

[180] Sivapalan M, Savenije H H, Blöschl G, 2012. Socio - hydrology: a new science of people and water [J]. Hydrological Processes, 26 (8): 1270 - 1276.

[181] Slater J L, Villarini G, 2017. Evaluating the drivers of seasonal streamflow in the U. S. Midwest [J]. Water, 9 (9): 695.

[182] Smith J A, Villarini G, Baeck M L, 2011. Mixture distributions and the hydroclimatology of extreme rainfall and flooding in the eastern United States [J]. Journal of Hydrometeorology, 12 (2): 294 - 309.

[183] Sonuga J O, 1972. Principle of maximum entropy in hydrologic frequency analysis [J]. Journal of Hydrology, 17 (3): 177 - 191.

[184] Stasinopoulos M D, Rigby R A, Heller G Z, et al, 2017. Flexible regression and smoot-

hing: using gamlss in R [M]. Boca Raton: CRC Press.

[185] Stedinger J R, Crainiceanu C M. Climate variability and flood-risk management [A]. // Risk-Based Decision Making in Water Resources IX [C] , American Society of Civil Engineers, 2000: 77-86.

[186] Strupczewski W G, Kochanek K, Bogdanowicz E, et al, 2012. On seasonal approach to flood frequency modelling. Part I: Two-component distribution revisited [J]. Hydrological Processes, 26 (5): 705-716.

[187] Strupczewski W G, Singh V P, Feluch W, 2001. Non-stationary approach to at-site flood frequency modelling I. Maximum likelihood estimation [J]. Journal of Hydrology, 248 (1-4): 123-142.

[188] Swishchuk A, Wu J, 2003. Logistic Growth Models [A]. // Evolution of Biological Systems in Random Media: Limit Theorems and Stability [M]. Netherlands: Springer: 175-185.

[189] Szolgay J, Gaál L, Bacigál T, et al, 2016. A regional comparative analysis of empirical and theoretical flood peak-volume relationships [J]. Journal of Hydrology and Hydromechanics, 64: 367.

[190] Tang Y, Guo Q, Su C, et al, 2017. Flooding in delta areas under changing climate: response of design flood level to non-stationarity in both inflow floods and high tides in South China [J]. Water, 9 (7): 471.

[191] USGS. "Surface water for the USA: peak streamflow." [EB/OL]. : http://nwis. waterdata. usgs. gov/usa/nwis/peak, 2017-6-1.

[192] Uvo C B, 2003. Analysis and regionalization of northern European winter precipitation based on its relationship with the North Atlantic oscillation [J]. International Journal of Climatology, 23 (10): 1185-1194.

[193] van Buuren S, Fredriks M, 2001. Worm plot: a simple diagnostic device for modelling growth reference curves [J]. Statistics in Medicine, 20 (8): 1259-1277.

[194] Verhulst P, 1838. Notice sur la loi que la population suit dans son accroissement. correspondance mathématique et physique publiée par a [J]. Quetelet, 10: 113-121.

[195] Villarini G, 2016. On the seasonality of flooding across the continental United States [J]. Advances in Water Resources, 87: 80-91.

[196] Villarini G, Smith J A, 2010. Flood peak distributions for the eastern United States [J]. Water Resources Research, 46 (6): W6504.

[197] Villarini G, Smith J A, Serinaldi F, et al, 2009. Flood frequency analysis for nonstationary annual peak records in an urban drainage basin [J]. Advances in Water Resources, 32 (8): 1255-1266.

[198] Villarini G, Strong A, 2014. Roles of climate and agricultural practices in discharge changes in an agricultural watershed in Iowa [J]. Agriculture, Ecosystems & Environment, 188: 204-211.

[199] Vogel R M, Lall U, Cai X, et al, 2015. Hydrology: the interdisciplinary science of water [J]. Water Resources Research, 51 (6): 4409-4430.

[200] von Storch H, 1995. Misuses of statistical analysis in climate research, [M]// Analysis

of Climate Variability: Applications of Statistical Techniques. Berlin: Springer - Verlag: 11 - 26.

[201] Vormoor K, Lawrence D, Heistermann M, et al, 2015. Climate change impacts on the seasonality and generation processes of floods - projections and uncertainties for catchments with mixed snowmelt/rainfall regimes [J]. Hydrology and Earth System Sciences, 19 (2): 913 - 931.

[202] Vormoor K, Lawrence D, Schlichting L, et al, 2016. Evidence for changes in the magnitude and frequency of observed rainfall vs. snowmelt driven floods in Norway [J]. Journal of Hydrology, 538: 33 - 48.

[203] Wagner M, 2012. Regionalisierung von Hochwasserscheiteln auf Basis einer gekoppelten Niederschlag - Abfluss - Statistik mit besonderer Beachtung von Extremereignissen [D]. Inst. für Hydrologie und Meteorologie Lehrstuhl für Hydrologie.

[204] Wilby R L, Dawson C W, Barrow E M, 2002. SDSM - a decision support tool for the assessment of regional climate change impacts [J]. Environmental Modelling & Software, 17 (2): 145 - 157.

[205] Woo M K, Waylen P, 1984. Areal prediction of annual floods generated by two distinct processes [J]. Hydrological Sciences Journal, 29 (1): 75 - 88.

[206] Xiong L, Yan L, Du T, et al, 2019. Impacts of climate change on urban extreme rainfall and drainage infrastructure performance: acase study in Wuhan city, China [J]. Irrigation and Drainage, 68 (2): 152 - 164.

[207] Xiong L, Du T, Xu C, et al, 2015. Non - stationary annual maximum flood frequency analysis using the norming constants method to consider non - stationarity in the annual daily flow series [J]. Water Resources Management, 29 (10): 3615 - 3633.

[208] Xiong L, Guo S, 2004. Trend test and change - point detection for the annual discharge series of the Yangtze River at the Yichang hydrological station [J]. International Association of Scientific Hydrology Bulletin, 49 (1): 99 - 112.

[209] Xu W, Jiang C, Yan L, et al, 2017. An adaptive Metropolis - Hastings optimization algorithm of Bayesian estimation in non - stationary flood frequency analysis [J]. Water Resources Management, 32 (4): 1343 - 1366.

[210] Yan L, Xiong L, Guo S, et al, 2017a. Comparison of four nonstationary hydrologic design methods for changing environment [J]. Journal of Hydrology, 551: 132 - 150.

[211] Yan L, Xiong L, Liu D, et al, 2017b. Frequency analysis of nonstationary annual maximum flood series using the time - varying two - component mixture distributions [J]. Hydrological Processes, 31 (1): 69 - 89.

[212] Yan L, Li L, Yan P, et al, 2019a. Nonstationary flood hazard analysis in response to climate change and population growth [J]. Water, 11: 1811.

[213] Yan L, Xiong L, Ruan G, et al, 2019b. Reducing uncertainty of design floods of two - component mixture distributions by utilizing flood timescale to classify flood types in seasonally snow covered region [J]. Journal of Hydrology, 574: 588 - 608.

[214] Yan L, Xiong L, Luan Q, et al, 2020. On the applicability of the expected waiting time

method in nonstationary flood design [J]. Water Resources Management, 34: 2585 - 2601.

[215] Yazdi M M. topsis: TOPSIS method for multiple - criteria decision making (MCDM) [EB/OL]. : https: //CRAN. R - project. org/package=topsis, 2017 - 6 - 1.

[216] Yu K X, Xiong L, Gottschalk L, 2014. Derivation of low flow distribution functions using copulas [J]. Journal of Hydrology, 508 (1): 273 - 288.

[217] Yue S, Wang C Y, 2002. Applicability of prewhitening to eliminate the influence of serial correlation on the Mann - Kendall test [J]. Water Resources Research, 38 (6), doi: 10. 1029/2001WR000861.

[218] Yue S, Wang C, 2004. The Mann - Kendall test modified by effective sample size to detect trend in serially correlated hydrological series [J]. Water resources management, 18 (3): 201 - 218.

[219] Zeng H, Feng P, Li X, 2014. Reservoir flood routing considering the non - stationarity of flood series in north China [J]. Water Resources Management, 28 (12): 4273 - 4287.

[220] Zhang Q, Gu X, Singh V P, et al, 2015. Evaluation of flood frequency under non - stationarity resulting from climate indices and reservoir indices in the East River basin, China [J]. Journal of Hydrology, 527: 565 - 575.

[221] Zhang Q, Gu X, Singh V P, et al, 2017. Timing of floods in southeastern China: seasonal properties and potential causes [J]. Journal of Hydrology, 552: 732 - 744.

[222] Zhang Q, Xu C Y, Tao H, et al, 2010. Climate changes and their impacts on water resources in thearid regions: a case study of the Tarim River basin, China [J]. Stochastic Environmental Research & Risk Assessment, 24 (3): 349 - 358.